PLC 的标准化应用

——基于西门子 OMAC 的面向对象的编程方法

胡康韶　编著

机械工业出版社

PLC 程序的标准化，除了控制过程本身，还涉及生产线布局、工艺分层、设备及元器件的命名与接口等因素，这些因素相辅相成且相互制约，是实际生产线工艺流程和设备之间的相互关系在程序世界中的完整重现。本书结合 ISA88 标准，以西门子基于 OMAC 的 CPG 方案架构展开讲解，阐述了采用面向对象编程思想的 PLC 标准化编程的方法。主要内容包括机械结构、电气设计、编程规范、主程序及时钟系统、控制柜程序、控制指令、状态反馈、接口数据、元器件以及通信程序等方面的标准化实现。

本书适合工控工程师用于学习标准化设备开发理念和应用，也适合企业用于开发标准化设备的借鉴参考，还可作为工控培训机构设备标准化开发和大、中专相关专业的培训教材。

图书在版编目（CIP）数据

PLC 的标准化应用：基于西门子 OMAC 的面向对象的编程方法/胡康韶编著. —北京：机械工业出版社，2021.5（2024.2 重印）
ISBN 978-7-111-68124-3

Ⅰ.①P… Ⅱ.①胡… Ⅲ.①PLC 技术-程序设计 Ⅳ.①TM571.61

中国版本图书馆 CIP 数据核字（2021）第 080246 号

机械工业出版社（北京市百万庄大街 22 号　邮政编码 100037）
策划编辑：吕　潇　责任编辑：吕　潇
责任校对：张　薇　封面设计：马精明
责任印制：郜　敏
北京富资园科技发展有限公司印刷
2024 年 2 月第 1 版第 3 次印刷
184mm×260mm·10.25 印张·237 千字
标准书号：ISBN 978-7-111-68124-3
定价：69.00 元

电话服务　　　　　　　　网络服务
客服电话：010-88361066　　机　工　官　网：www.cmpbook.com
　　　　　010-88379833　　机　工　官　博：weibo.com/cmp1952
　　　　　010-68326294　　金　书　网：www.golden-book.com
封底无防伪标均为盗版　机工教育服务网：www.cmpedu.com

前　言

随着工业互联网和5G通信的加速发展，工业生产对信息化、数字化的要求会越来越高，而标准化是其基础和支柱。标准化程度的高低决定了工业设备信息化和数字化的质量高低，这也间接促使了现在的企业越来越重视企业级的标准化规划和发展。

PLC（Programmable Logic Controller，可编程逻辑控制器）程序编写的标准化，除了控制过程本身，还涉及生产线布局、工艺分层、设备及元器件的命名与接口等因素，这些因素相辅相成且相互制约，是实际生产线工艺流程和设备之间的相互关系在程序世界中的完整重现。但是作者在实际工作中发现，首先，从单个设备层面来说，很多生产设备在开发与搭建完成后，只有一个仅能满足当前运行要求的程序，当其需要实现的工艺在生产现场稍有一些与既定程序不相符的逻辑，修改起来就会非常棘手；其次，从整个生产线层面来说，由于不同设备的程序往往都是由不同的工程师或程序员编写的，每段程序均各具个人特色，没有总体上的标准化要求，所以许多设备的程序都"各自为战"，甚至同样设备的不同程序都有不一样的个人标签。这些问题所造成的影响，轻则当这些设备相互组合起来，成为完整的生产线时，其程序之间接口的连接和调试难度会非常大；重则可能导致生产企业的技术积累无法更新迭代，无法形成企业工艺的程序库，令企业生产效率和柔性生产能力降低、人力成本上升及技术管理杂乱。

此外，一些工控从业人员在入职后，出于各种原因没有经过系统化和标准化的培训，基本都是直接跟随前辈的经验实施设备开发，由于开发周期往往很紧张，很多刚入门的工程师的编程思想和理念都来自口口相传的经验和以往的程序，也来不及去思考和规划整个程序架构，这些都导致了标准化观念的不足。

本书的编写目标就是在工控界普及标准化编程的理念和应用，其内容是作者系统学习并实际参与跨国企业设备标准化开发的经验和总结。本书以西门子PLC的标准化编程为主线，基于面向CPG（Consumer Packaged Goods，消费性包装品）的解决方案架构，结合ISA88标准，阐述了面向对象的编程理念，介绍了设备标准化程序的架构和详细做法，并以标准化的思维将设备开发过程中的相关联工艺设计、机械设计、电气设计等内容连接了起来。

本书的内容层层递进，一脉相承，提供了完整的标准化体系和规范，并结合作者的工作经验进行了优化，适用范围如下：

1）用于企业开发标准化设备的应用和理念的借鉴参考；

2）用于从业工程师的标准化设备开发理念和应用的学习；

3）作为工控培训机构设备标准化开发的系统培训教材；

4）作为大中专相关专业 PLC 编程理念和应用的教材。

由于本书内容偏重具体实践，读者需要具备一定的设备开发的经验，能理解设备开发过程中各个专业的工作内容和各个专业之间的关联性，最好是有过完整的设备程序开发的实际经验。

在阅读过程中，也欢迎读者朋友通过关注微信公众号"壶琰棠"，与作者实时交流探讨设备标准化开发的相关内容和话题。

限于作者的水平和能力，书中难免存在错误、疏忽和遗漏的地方，还望读者朋友批评指正，不吝赐教。

感谢各位读者朋友！

胡康韶

2021 年春

目　录

绪论

怎么理解标准化

标准化是什么？标准化是指为了在既定范围内获得最佳秩序，促进共同效益，对现实问题或潜在问题确立共同使用和重复使用的条款以及编制、发布和应用文件的活动。⊖

很多从事 PLC（Programmable Logic Controller，可编程逻辑控制器）编程工作的工程师都会觉得其内容都差不多，不同设备（项目）的电气设计或者程序中都有以前设备（项目）的影子，但往往一个新设备（项目）又基本都是从头开始，完全没有或者只有一点点以前经验可以在新系统中得以应用。

有的工程师，自己曾经有过一些标准化的程序或者经验，但不能无缝衔接新系统，曾经可用的经验还是要花费大量的工作去融入新的系统。

也有些公司或者技术人员一早意识到了标准的重要性，也投入了大量时间和精力研究或者开发了一套所谓的标准化系统，但当自己公司的设备或者系统有一点点变化，就会发现自己研发的标准化又不是那么标准，不能无缝对接新的系统……有的公司"一年一个标准"，就是这样产生的，既花费了大量的时间，又浪费了宝贵的技术资源。

更有很多新入职员工很迷茫，新员工培训的都是一些规章制度，但和工程师实际工作相关的内容好像基本无法系统培训，走上岗位后，也发现没有相应的文档用于指导具体工作，再加上公司员工的流动性因素，就又造成了一样的设备或者系统，每经手一个工程师，里里外外又完全不一样。

以上的各种现象都是没有标准的一个表现。

那么怎样才能做一个标准的设备或者说标准程序呢？我们不妨往下一起探讨标准化的内容。

0.1 标准化功能

所谓 PLC 的标准化功能，就是一些常见的可以供所有人重复使用的函数或者实例化功能，比如一个电动机的控制功能、西门子的 Epos 的功能块（Function Block，FB）：FB284/FB285。

但谈论标准化功能的时候也要分情况探讨，看这些标准化功能的作用范畴。

1. 产品供应商或者独立的组织

比如西门子这样的供应商，其提供的库或者功能一定要让所有的人都能使用，比如 Epos 的功能块、基本运动控制库 LAxisCtrl 及其他很多类似的库，由于这些标准化功能要供各个行业使用，所以它们不能有很多局限性的东西，比如里面应用到 M 寄存器等类似的变量（因为这些变量开发者可能会用到）。因此，这些标准化功能一般都是需要实例化的功能块或者一些函数，并且里面的程序变量一般都是静态变量或临时变量。

由于潜在使用者是各个行业，所以这样的功能块或者函数的功能一定是针对产品的功能，不会涉及具体工艺（飞锯控制库属于工艺标准库，不是功能库），这样用户只要参照文档即可像使用 PLC 自带的指令一样方便，并不会对自己的程序带有任何负面的影响。

还有一些独立的组织，常见的比如 PLCopen 组织，他们定义了一整套运动控制的相

⊖ GB/T 20000.1—2014《标准化工作指南　第 1 部分：标准化和相关活动的通用术语》。

关指令和方法，这些指令就是各个 PLC 厂商都在应用的 MC 指令。用过不同品牌 PLC 的人肯定会发现，其运动控制指令从名称到实现方式都很相似，不同的只是依据各个品牌的特点做了一些相关的改进。

2. 设备开发商或者系统集成商

这类开发者开发的标准化功能都是只有在自己公司的项目上才有使用价值，对于第三方用户来说，只有思路的参考价值，并不能直接使用。

比如电动机控制，若要将电动机所有存在的可能性功能做在一个标准功能块，电动机是工频控制还是变频控制，有没有多段速控制，有没有方向的切换，远程起动还是本地起动，不同控制方式的错误诊断等，把这些功能全部实现的话，那这个功能块的引脚会非常多，使用起来会非常复杂（在 PCS7 中经常看到很多引脚）。

对于一个设备开发商或者系统集成商来说，仅用于匹配他们的电动机控制需求可能没有那么多，同时对于一些工艺设备来说，往往简单的一个电动机功能块也只是工艺设备需要的底层功能块（因为电动机的控制需要结合工艺需求实现不同时序要求，Epos 也可能是工艺设备的底层块）。这个时候，这个标准功能就没有必要大而全，也没有给第三方使用的必要。反而，这样的标准功能块的效率会更高，对于和工艺的匹配最精确。

由于不需要考虑第三方的使用需求，这个时候该模块可以结合自身程序架构编程。有的程序架构中可能会使用一些 M 寄存器的变量，这些变量都是自身程序架构中已经定义好了的，即使有需要使用的时候也会有一些预留区域，在设计标准功能块的时候就需要结合自身程序架构理念，实现工艺和程序架构的无缝匹配。

这也是很多国外以前的程序中 M 变量频繁出现的原因，因为这些程序和自己设备工艺以及程序架构是无缝匹配的，同时也不需要像西门子一样提供给可能存在的所有从业者使用。

这样的功能块对于其他人来说不是标准功能块，但对于该设备开发商或者系统集成商来说，这就是他们的标准化程序，是他们效率和质量的倍增器（3~4 个工程师一年可以做 2~3 个投资过亿元的大型项目，这是笔者的实际经历，这就是倍增器的加持效果）。

在 Portal 优化使用的时代，不建议使用 M 寄存器。

3. 设备编程原则

具体到一个设备或者对象，在编程的时候怎么去开发标准的程序呢？答案就是遵循事物本来的面貌去（面向对象）做一个系统的开发和应用。

如图 0-1 所示，有个工件需要从设备 1 传送到设备 2 上。为保证工件能完全到达设备 2，更多的人都是在设备 1 末端光电器件被触发后，延时足够的时间来确保工件能完全传送到设备 2 上。

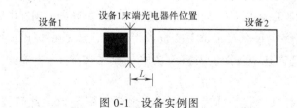

图 0-1 设备实例图

以上思路并没有问题，但实际调试发现针对不同的传送速度（工件不变），这个延时时间还得慢慢调整，否则要么工件还没有完全到达设备2，要么就是延时太长降低了设备的工作效率。

但我们的程序是工件实际轨迹或者说本来面貌的完全体现吗？

显然不是，时间只是工件传输过程的一个表象，工件传输的实质是位移，即工件在离开光电器件后还需要向设备2的方向再移动一个距离L（跟设备1和2的速度以及时间相关）。

这才是这个工件传输过程中的本来的面貌，本书内容要强调的是，所谓的编程，是现实的实际内容在程序世界的再现或者重构，这样的程序才能更加灵活，适用性更强。后续章节中，也会有这个相关内容的介绍。

0.2 标准化架构

在汽车行业或者包装行业可能都会用到Epos功能，而大家都知道汽车行业有一个规范的标准架构Sicar，包装行业有西门子OMAC的ISA88标准。那在使用Epos的标准功能块的时候可能就需要做一些针对性的修改，用于匹配各自标准的规范和逻辑实现（比如控制和状态反馈的逻辑）。

那所有在该行业的企业都能适用上述的一些行业标准化架构么？笔者对Sicar不是很了解，但通过对OMAC的深入研究后发现其实并不一定。这类标准有特定的前提以及特殊需求（比如在OMAC里面主要为计算设备综合效率），一些该行业的边缘从业者或者配套企业来说，由于一些工艺需求的限制，根本无法匹配这类的标准化架构。

所以说，标准化架构还是要和自身工艺以及整体的公司设计有关。比如物流行业，除了设备的控制以外，很多时候还要考虑物流的信息流程。这些信息流在PLC控制程序中怎么实现，怎么和设备的控制相结合，在实际项目中方便简单地使用，都需要在标准化中体现出来。

可见，所谓的标准化并不是指一个架构或者规范就能完整覆盖所有行业，更多的都是一些思路的借鉴，然后结合公司自身的工艺要求和硬件基础，做成一个符合自身要求的程序架构。

当程序架构搭建完成后，就可以基于该架构的方式和方法，构建符合自身工艺要求的程序库。当这些程序库随着时间的积累以及缺陷的不断解决，这些工艺程序块和程序架构的稳定性会越来越高，后续程序开发就会越来越节省时间，并能提高效率和质量（标准化的本质就是提高效率和质量），这样就能用最少的成本实现最大的利益。

在以前经典STEP7时代，很多标准化架构中就存在大量M寄存器的变量。比如一个控制字是Word的名字是MW_Control，其地址是MW2，其中，M2.0到M3.7分别对应不同的控制命令，在程序中只要对布尔型变量进行处理，然后在传递的时候直接用MW2以Word的形式传递，这样整个程序的引脚就会由可能存在的16个Bool引脚变成一个Word型的引脚。

在Portal的优化处理时代，M寄存器的使用反而不高效，此时要像上面那样处理的话，还必须先定义一个由 16 个布尔型变量组成的自定义数据，处理结束后还必须通过 SCATTER 指令将这 16 个布尔型变量在 Word 型变量中序列化，如图 0-2 所示。

SCATTER：将位序列解析为单个位

说明

指令"将位序列解析为单个位"用于将数据类型为 BYTE、WORD、DWORD 或 LWORD 的变量解析为单个位，并保存在 ARRAY of 类型中。

说明

多维 ARRAY of BOOL

如果 ARRAY 是一个多维 ARRAY of BOOL，即使未显式声明，也将对所包含维度的填充位进行计数。

示例：ARRAY[1..10,0..4,1..2] of BOOL 的处理方式与 ARRAY[1..10,0..4,1..8] of BOOL 或 ARRAY[0..399] of BOOL 类似。

图 0-2　SCATTER 指令图

当然，需要说明的是，在标准化架构中都是按照面向对象的编程思想编程的，对象的所有变量的转换都是通过实例化数据完成的，除了架构程序中使用到 M 寄存器以外，实例化程序中是不需要使用 M 寄存器变量的。

以上描述的意思就是，一个标准化架构只要满足覆盖自身工艺需求（比如物流的信息处理），有着良好的工程接口和数据接口，让自身所有的工艺对象都能无缝地实例化，工程人员的工作效率和质量大幅提高，这就是一个符合自身工艺需求的标准化架构。而这些工作就要求企业自身将工艺需求和规律总结出来，然后将这些共性的东西提取出来，形成一个总结性的东西。

比如所有标准化架构中都会有的控制指令的下发以及状态的反馈，那这些就是具有共性的规律，把这些内容通过一定规范的程序和方法体现出来，且在这个规范中要和自身工艺相结合，就是标准化的过程。

0.3　工艺标准化

是不是有了上述说的两个方面的内容，所谓的标准化就完全实现了呢？非也，请看图 0-3 列举的内容。

标准化的目的是提高质量和效率，但标准化的基准一定是基于设备工艺。当完整的标准化做好以后，对于任意一个工艺设备，只要通过合适的指引，比如工艺代码编号，其整个工艺设备的各个标准资料和软件都有成队形的资料和指导说明。

比如图 0-3，只要知道设备的工艺代码，那该工艺设备的机械结构和运行数据就是一个标准设计，这些数据和说明可以在这一类的设备工艺说明书中了解到更详细的内容。对应地，设备的标准图样也会随着工艺代码而出现，并且在整个标准电气图样架构中有相关的接口融入整个系统的电气设计图样中。同理，该工艺设备的标准实例化程序以及对应的标准程序架构也会有对应的资料和程序。当然，随着信息化的到来，该工艺设备的信息接口以及整个 IT 的软件架构也有对应的接口提取。

这就是一个工艺设备的完整标准化系统，当实际设备对应的功能代码有了之后，该类

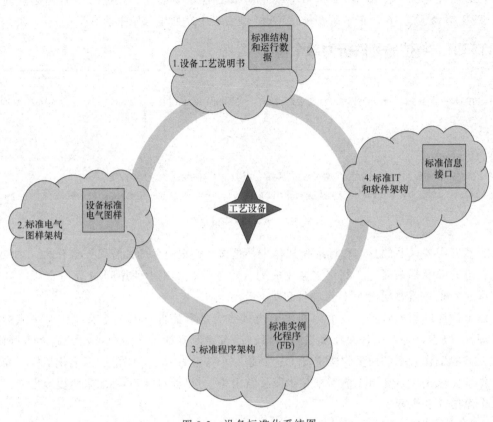

图 0-3　设备标准化系统图

设备在图 0-3 中展示的四方面的信息和资料都会被提取出来，这才是一个完整的标准化内容。

当然，上述的内容只是架构层面的，里面还有很多细化的内容。而要保证这些细化的内容和程序能实现不断的迭代和更新，那就需要具备相应的资料体系的规划和管理。

所以，一个合适的标准化体系内容是非常丰富的，也是很具体的。只有和工艺完美结合的标准化才是一个符合实际需求的标准化体系，否则再好的程序架构也可能只是一个编程规范而已！

第 1 章

机械结构的标准化

　　自动化设备是机电信息一体化的综合体，完整的标准化涵盖机械、电气、控制以及信息四个层面，当谈论设备标准化概念的时候，也必须是从上述四个层面描述，只涉及其中一个方面，那不是完整的标准化，只是设备开发过程中某个专业的一致化而已。

　　三百六十行，设备种类千千万万，所以想将设备的机械结构做统一的标准化，那肯定是痴人说梦，所谓的四个层面的完整标准化其实是指各个专业的一致性，所以机械机构的标准化也是指在标准化过程中的一些和其他专业一致性的知识。

　　国内一些设备开发或者项目实施过程中，基本都是各个专业相对独立实施。当机械完成设计后，一般出具的都是以下文件：

　　1）设备清单和零部件图样；

　　2）用于指导采购部门进行标准件和外协件的采购；

　　3）用于指导机加工人员的机械加工指导；

　　4）用于设备装配过程的指导。

　　若设备或者项目实施只涉及机械开发，那这个过程就比较简单，绝对没有问题；但一个设备完成机械开发以后，还需要电气、控制协作才能检测机械工艺的完整性，才能测试设备或者项目的实用性、适用性等来满足客户或者市场需求。说到这，读者是不是发现其实很多设备或者项目开发过程中，机械专业完成后并没有给后续专业做好工作交接，没有出具相关文档指导后续专业的工作。

　　作为架构工程师，即使是机械专业出具的图样，你都可能会发现：

　　1）工艺描述太过简单，基本都是一句两句话总结，更甚的是工艺描述不够清晰，都是其他专业人员工作中发现不明之处再来和机械专业的人员讨论；

　　2）图样表达比较混乱，除了图示没有其他任何信息，更不要说详细的设备信息清单；

　　3）很多命名都是临时起意或者太过随意，没有一个统一专业的标准思路，无法用于指导后续专业工作；

　　4）设备工艺接口没有研究考虑，无法明确设备需要对外的接口种类和数据量。

　　所以，机械（工艺）专业是任何一个设备开发或项目实施过程中的根本，是最重要一环；只有将这一环工作做得完整详细，整个设备的开发或者项目的实施才能得到一个完美结果，同时也能将上述工作中的一些缺陷得以克服，实现高效、舒适的工作，加快设备（项目）的进度。

　　故本章的内容主要描述的是机械（工艺）专业在设备开发或者项目实施过程中，怎么利用标准化的思路将设备工艺的信息准确完整的表达传递，并用于指导后续各个专业在设备开发或者项目实施过程中的工作。

1.1　设备ID命名的标准化

　　一个人在现实社会中都会有一个唯一的ID（Identity，身份标识号码，也可理解为账号、专属号码、序列号等），这个就是你的身份证号码，它包含了一个人的出生地以及出生年月日等信息。跟这个类似，设备开发或者项目实施过程中也必须按照一定的规则命名设备，一般的原则也是按照区域地点的方式，来表达一个设备或者一个项目实际的位置定位。

图 1-1 所示为 ISA88 定义的设备模块分层的架构模型，从这个模型中可以看到整个架构是从公司逐步向下拆分，直至具体的某一个控制模块。这就意味着，不管这个企业设备有多少，设备上的每一个零部件、每一个元器件都能获取唯一的一个 ID，就跟我们整个社会为每个人分配的唯一的身份 ID 一样。

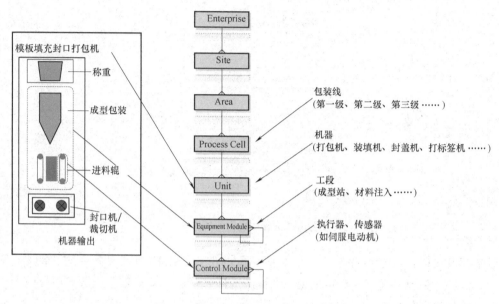

图 1-1 ISA88 定义的设备模块分层的架构模型

OMAC（The Organization for Machine Automation and Control，机械自动化和控制组织）是一个致力于开放式模块化结构控制的非营利用户组织，由许多大型国际公司自发组成，拥有约 500 名成员。西门子是 OMAC 的成员之一。

OMAC 的包装工作组集合了来自技术供应商、OEM、系统集成商和终端用户的多方达成一致的讨论，生成了 PackML 指南，作为一种方法来展示如何将 ANSI/ISA-88.00.01 的概念扩展到包装机械中。

为了能满足提供一致的标签系统，OMAC 将设备从上到下分为企业（Enterprise）→位置（Site）→区域（Area）→工艺单元（Process Cell）→部件（Unit 或 UN⊖）→设备单元（Equipment Module 或 EM）→控制单元/元器件（Control Module 或 CM）。

从企业到区域属于公司层面的设备管理系统划分，作为标准化而言，设备名称的定义关注的是工艺单元及以下部分的设备。

除此之外，在标准化中设备的名称还是后续电气和控制工程师工作的基础信息，电气图样中的设备名称和 IO 符号的名称，都要基于该设备名称来命名。

就如图 1-2 所示一样，框中的符号都是设备的外部 IO，可以看到这些符号中都有设备

⊖ 在不同的程序层级与描述中，Unit 与 UN 这两种写法都会用到，但其含义是相同的，具体采用哪种写法与该部分程序的定义有关。

名称。在标准化程序中，程序框架和设备程序都是固定的，若符号能跟设备名称关联，然后在整个控制系统中定义好不同的元器件的名称，那整个程序后续就可以利用 XML 文本编辑语言做成一个自动生成程序的工具；另外，若要复制一个这类设备的程序，那复制后的程序也只要修改这个设备名称即可，而其他地方都是完全相同，这样更加便利高效，且出错的概率会大大降低。

```
REGION UN01_EM01 211原纸架

"IDB_UN01_EM01"(i_Identity := "Identity".UN01_EM01,
    i_Control := #i_Control,
    i_Parameters := "Parameters".UN01_EM01,
    i_PrivateIndex := "PaperFrameIndex",
    i_PB_PaperManualMove := "I_UN01_EM01_PaperManualMove",
    i_PB_RollerMoveForward := "I_UN01_EM01_RollerMoveForward",
    i_PB_RollerMoveReverse := "I_UN01_EM01_RollerMoveReverse",
    i_RollerMoveForwardPos := "I_UN01_EM01_RollerMoveForwardPos",
    i_RollerMoveReversePos := "I_UN01_EM01_RollerMoveReversePos",
    i_PaperBreakOperateSide := "I_UN01_EM01_PaperBreakOperateSid",
    i_PaperBreakDriveSide := "I_UN01_EM01_PaperBreakDriveSide",
    i_PaperIntertwineDetect := "I_UN01_EM01_PaperIntertwineDetect",
    i_RollerTightenOperateSide := "I_UN01_EM01_RollerTightenOperateSide",
    i_RollerTightenDriveSide := "I_UN01_EM01_RollerTightenDriveSide",
    i_SlavePNNotPresent := "DB_PNSlaveStates".PN_Slave_System[1].Slave_States[27].Slave_Not_Present,
    i_SlavePNError := "DB_PNSlaveStates".PN_Slave_System[1].Slave_States[27].Slave_Error,
    i_PaperPNNotPresent := "DB_PNSlaveStates".PN_Slave_System[1].Slave_States[27].Slave_Not_Present,
    i_PaperPNError := "DB_PNSlaveStates".PN_Slave_System[1].Slave_States[27].Slave_Error,
    i_TransferPNNotPresent := "DB_PNSlaveStates".PN_Slave_System[1].Slave_States[17].Slave_Not_Present,
    i_TransferPNError := "DB_PNSlaveStates".PN_Slave_System[1].Slave_States[17].Slave_Error,
    i_MasterVelocity := #s_MasterVelocity,
    i_HW_PaperAddr := 211a1-PROFINET 接口-自由报文,
    i_HW_FeedAddr := 211a3-PROFINET 接口-自由报文,
    o_RollerMoveForward => "Q_UN01_EM01_RollerMoveForward",
    o_RollerMoveReverse => "Q_UN01_EM01_RollerMoveReverse",
    o_ReqPaperMoveBrakeOpen => "Q_UN01_EM01_ReqPaperMoveBrakeOpen",
    io_Report := #s_Report,
    io_DownSection := "Section".UN01_EM01,
    io_Event := "Event".UN01_EM01,
    io_HMIData := "HMIData".UN01_EM01);

END_REGION
```

图 1-2　设备名称信息在程序中的体现

在设备开发或项目实施过程中，我们按照对象的位置和功能来定义其名称，即 ID。这里称之为对象，是因为这个名称不单是一个设备或项目命名，而是整个设备或项目中所有相关元素的名称命名。

在设备开发或者项目实施过程中，控制系统都可以在图 1-3 所示的不同控制系统类型中找到与之匹配的控制体系。有的设备或项目只有一个 PLC，有的设备或者项目则由多个 PLC 组成，所以，对于设备开发或者项目实施的设备名称的命名是以每一个 PLC 为最高级别的，在此定义为一个控制区或工艺单元，对应的是 ISA88 中的 Process Cell，一个控制区是一个系统（System）中的一部分，比如一个汽车生产线的某个工段的装配线就是一个 Process Cell。

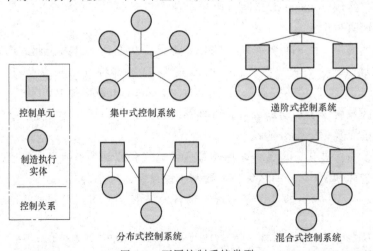

图 1-3　不同控制系统类型

Process Cell 推荐用一个 4 位数的整数表示。若是一个集成项目，则可以从 0001 开始按照工艺布局依次定义。若是单体设备，则建议将 0000~0999 设为正在研发设备的代号，其他正式批量生产的设备代码可以根据实际情况自行定义。若公司生产的设备种类繁多，则可以按照一个大类规划数字段，比如 1000~1999 为一个大类产品，2000~2999 为另一个大类产品等，同时也预留一些备用数据段，用于完全不同种类设备的开发。

以一个 PLC 作为一个工艺单元为例，那么一个工艺单元中就会由一个或多个部件（Unit）组成，一个 Unit 里面又可能包括一个或多个设备单元（EM），而一个 EM 里面也可能包括一个或多个元器件（CM），如图 1-4 所示，若出现一个 0001_01_01_71 的 ID，则代表着这是一个编号为 71 的元器件，它属于工艺单元 0001 中第 01 个 Unit 中的第 01 个 EM 中的。

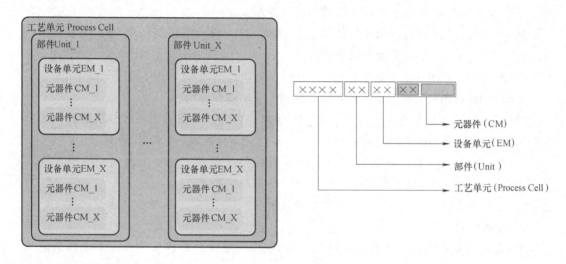

图 1-4　设备（项目）分层图示

1. 工艺单元（Process Cell）

前文提到，Process Cell 是一个系统（System）中的一部分，它完成一个或多个系统功能，和其他 Process Cell 通过数据和实际设备接口，组成一个完整的多功能的系统（项目）。

一个 Process Cell 有它自己的运行模式，可以独立于其他区域启动和停止。这可以在本地完成，也可以从主机级别完成。

Process Cell 可以启停一个区域的设备（本地或从主机），仅检测影响一个 Process Cell 的错误和故障，仅收集属于一个 Process Cell 的设备和产品信息。

一个 Process Cell 将包含一个或多个 Unit。

1）若是一个集成项目，项目中会由不同的 PLC 区域组成，所以 Process Cell 的名称可以按照 0001 依次递增的方式命名；

2）若是一个大型流水线，里面的设备按照功能由不同 PLC 控制，则 Process Cell 也可以按照 0001 依次递增的方式命名；

3）大型集成项目中的每一个 PLC 或者一个单体设备的 PLC，还可以按照功能+数字的方式命名，即前两位用该功能的英文简写表示，后两位用数字代表不同的迭代产品。比如一个打包机的 Process Cell 可以命名为：PK01，其中 PK 表示打包（Pack），01 表示该设备的版本为01。

2. 部件（Unit）

Unit 可以是指在一个 Process Cell 中某一类设备单元（EM）的集合，比如一个分拣项目中的输送线；也可以是指一个流水线中的完成一个功能的 EM 集合，比如包装设备中的机械臂组件，它就是由横移电动机、升降电动机以及一些辅助气缸组成。所以，Unit 作为一个独立对象被看待，和其他 EM 或者其他 Unit 通过工艺接口，可以实现 Process Cell 中的一种功能，比如机械臂抓取功能。

一个 Unit 受控于其所在的 Process Cell，即受 Process Cell 的启停指令控制，也可以根据工艺需求设置独立于其他 Unit 的启动和停止控制按钮。

当 Unit 是一个功能整体而非功能集合的时候，Unit 仅检测影响一个 Unit 的错误和故障，仅收集属于一个 Unit 的设备和产品信息。

一个 Unit 将包含一个或多个 EM。

Unit 的 ID 由两位数据组成，ID 号依次由 01 开始顺序递增。

1）某一部分的设备由一个一个单个 EM 组成，它们共同完成了一部分功能，比如输送功能，那这些所有的 EM 组成的一段（Section）应该分配成一个 Unit 的 ID。

2）还有一些设备由于功能的需要，由多个 Section 组成，比如上面说到的机械臂系统，由行走和升降两部分组成，此时跟机械臂有关联的所有 Section 应为一个 Unit 的 ID，此时 Unit 的 ID 建议由 01 开始顺序递增的奇数组成。

3. 设备单元（EM）

EM 是实现基本系统功能的最小机械/软件系统构建块，即这是执行一个完整工艺的最小部分。

EM 由机械工程师按照标准化原则设计，在标准化程序中都会有一个与之相匹配的标准功能块（Function Block，FB），因此，软件的构建方式与机械分段的方式相同，就像机械系统的构建方式一样。

EM 仅检测影响一个 EM 的错误和故障，仅收集属于一个 EM 的设备和产品信息。

一个 EM 将包含至少一个 CM。

EM 的 ID 由两位数据组成，ID 号依次由 01 开始顺序递增；

1）若 EM 的 Unit 只是一些相同功能的 EM 的集合的话，那 EM 的 ID 应该是从 01 开始逐次递增的奇数；

2）若 EM 的 Unit 是一个独立功能的设备，因为该功能已经是标准的，所以里面的 EM 的数量是不会再变化的，那该 Unit 里面的 EM 的 ID 可以是由 01 开始顺序递增的自然数。

4. 控制单元/元器件（CM）

CM 是安装在机械对象上的各种传感器和执行器，它们是控制该机械部分所必需的。主要包括电动机（阀门）、光电器件、接近开关等为工艺而设计的电子元器件。CM 是设备模型中最底层的单元，也是软件模型中最底层的控制对象。

由于 CM 种类繁多，且有的 CM 是需要完成一些基础功能的，所以 CM 的名称最多由 5 位数字和英文字母组成，前面 2 位为数字，表示该种 CM 的功能代码；后面最多由 3 位组成元器件名称的简写，用于表示是什么元器件。

比如在物流系统中，有的光电器件只是用于设备的保护功能，但有的光电器件还需要滤波跟踪功能，所以在物流系统中光电器件至少可以有两种功能代码。

表 1-1 就是常见的一些控制模块的命名示范，可以用于标准化设备开发的借鉴。

表 1-1 CM 的 ID 示意简表

元器件名称	英文名称	功能代号	简称	说明
接近开关	Proximity Switch	51	PS	
光电器件	Photo Electric Cell	51	PEC	保护限位等
		71		跟踪滤波等
行程开关	Limit Switch	51	LS	
电动机	Motor	11	MTR	
过载保护(断路器)	Thermal Overload	12	THO	
接触器	Contactor	13	CON	
编码器	Encoder	21	ENC	
紧急停止	Emergency Stop	91	ES	
激光测距传感器	Laser Distance Measurement Sensor	23	LDM	
条码定位传感器	Barcode Positioning Sensor	25	BPS	

每一个行业或公司均应该根据自身特点，建立类似的 CM 的 ID 分类表，做到设备所有的机械和元器件都能获得一个唯一的标识；

上述所描述的设备的 ID 都是指机械以及依附于机械设备上的元器件的命名原则，只有 CM 部分需要根据行业做总结。而且 CM 的 ID 命名由两部分（代码+简称）组成，为的是满足后续的 CM 种类和功能的更新和增减。

1.2 工艺命名的标准化

现实社会中的公民除了身份名称（ID），在整个社会分工体系中还扮演着老师、工人、科学家等角色，类似地，在标准化体系中也需要将不同 Unit 和 EM 的功能体现出来，这样才能形成对应的标准化程序，否则上文的 ID 只是一个名称而已，控制系统中无法将其功能实现出来。

设备的工艺名称（工艺 ID）就是现实机械设备和控制程序对接的一个桥梁，在设备布局图中只要标出设备名称（ID）即可，但不管是机械工程师还是控制工程师，对于同一台设备的工艺 ID 的定义和认识必须是一致的，这样两个专业的工艺思路才能正确对接。

所以，工艺 ID 的意义就是对设备的工艺进行标准化定义，这样所有专业对于同一设备的工艺都有一致的理解，使各个专业的工作目标一致。

工艺设备标准化的内容包括标准的机械工艺、标准的电气设计以及与之对应的标准程序，同一种设备由于工艺的细节不一样，可能存在不一样的电气和程序。所以工艺命名由4个部分组成，其中前两位用于表示具体功能，一般用功能的英文简写表示；后两位用于表示功能的不同种类，一般用数字来区分。

若要实现工艺命名的标准化，那应该从以下几个方面进行考虑和设计。

1. 工艺描述必须定义适应的产品

不同规格的产品需要不同的设备匹配生产，比如设备的外形尺寸就决定了可生产产品的外形尺寸以及可能存在的转弯半径。

不同重量的产品也需要不同的设备来驱动，这决定了机械设计过程中驱动参数的下限，也决定了设备的承载能力，对于一些输送类设备，还需要说明单位长度的承载能力，比如一个输送机的承载能力是20kg/m。

2. 工艺描述必须量化

任何设备都是用于生产产品或实现一些过程工艺，不管哪种都会有设备能达到的最终生产精度要求，所以在描述这些工艺设备的时候必须用定量数据来描述，比如说设备的产量或者生产的产品的质量等。这些数据就决定了标准化设备的运行数据，比如要实现不同规格产品某种产量的时候就决定了设备所需要的生产速度，或为实现产品达到特定的质量要求而需要的工艺参数的要求（比如温度要求）等。

所以，既然是标准化的设备，那在适用其生产的产品的前提下就应该将目前能达到的设备运行参数和其所需的生产数据匹配出来，这既是标准化设备的运行数据，也是后续产品更新迭代的数据基础，见表1-2。

表1-2　工艺标准化运行数据示意

合流类型	合流速度/(m/min)	窗口长度/mm	导入类型	导入速度/(m/min)	导入流量
HL01	45	300	DL	45	900
			DQ	60	1200
HL02	60	300	DL	60	1200
			DQ	75	1500
				90	1800

注：HL为合流的拼音的缩写，是一种物流系统中的合流设备。

类似表1-2，标准化的设备工艺描述一定是在具体的数据下才能体现出实际能力，而且这个数据是标准化设备中已经实现的，可以随时批量生产；后续若要提高产量，那这些数据就是新设备开发的基础，等待新设备开发出来后，HL类的设备的合流类型就可能又会多出一个HL03。

3. 工艺描述必须说明设备接口关系

不论设备的开发还是项目的实施，某个单独执行器肯定和外部设备有接口关系，用于产品或者数据的传递。

在标准化设备中就必须对此进行说明，比如表1-2中除了HL设备的速度，在后面还有导入类型和导入速度，这就是HL设备在硬件上的设备连接以及对应的不同速度组合下的产量关系。

实际生产时当然不能只用一个表格说明，在文档中应该描述这些接口关系存在的场所和可能的变换关系，这样有利于工程师应用的灵活多变，也能间接向客户表明这些设备可能存在的不同形态的样式组合，满足客户多样性要求。

4. 工艺描述必须说明不同结构

如表1-2中的HL01和HL02，虽然它们实现的功能可能是类似的，但由于一些细微的差别可能会导致一些硬件和软件上的不同。比如HL01是单向运行的设备，而HL02是双向运行的设备，虽然这两个版本的设备都是实现产品的合流功能，但在硬件层面上，HL02就得实现电动机反转，而HL01就不需要增加反转硬件，对应的软件模型也必须有正反向运行的底层功能块。

除此之外，有的设备虽然实现的功能类似，但应用在不同的场所内部的传感器种类和数量会有一些不一样，这也是相同功能的标准化设备的不同应用场景，对应的硬件结构和软件模型也都必须一一对应。

还有的时候，即使硬件不一样，但程序版本号还是一样的。比如有的行业的控制电压是220V，而有的行业的控制电压是24V，这只是硬件需求不一样，但主体结构是没有变化的，所以这个时候的版本标号可以是同一个，对应的软件模型也是不需要更改的。

表1-3示意了一个标准化设备的结构属性，这只是一个面向普遍性的总结，总结标准化设备的属性的时候，必须根据公司和行业特色，将可能存在的结构属性描述清晰。

表 1-3 标准化设备的结构属性表

设备类型	电源需求			控制需求		功能块名称
	AC 380V	AC 220V	DC 24V	IO 电缆	总线通信	
HL01	是	是	是	18芯	NA	FB_EM_HeLiu01
HL02	是	否	是	NA	PN/ASI	FB_EM_HeLiu02

5. 工艺描述必须说明功能应用

不同形态的设备对应的FB（如表1-3，一个FB至少对应一种标准设备）必须在描述中得到清晰体现，同时还要详细描述不同设备可能存在的功能的区别和差异化，能体现不同FB的差异化，还要明确说明这些FB可以在哪些地方调用，不同调用环境下是否有不一样的设置和要求。当然，一些基础的功能，比如在控制系统中怎么启停和保护，肯定也要得到必要的说明。

此外还应该描述这些功能块的调试方法、在调试过程中哪些参数可以调节及其影响的工艺过程；同时，还要说明调试过程中常见错误的调整和修正，这样更能加深工程人员对设备的了解。

6. 其他说明

其他由于行业特点还需要在标准化设备中体现出来的设备内容，也应当在工艺标准化文档中加以体现。

通过上述描述，我们肯定发现一个企业或者行业的标准化设备可能会很多，除了HL设备之外也还会有其他设备，这样就需要在工艺描述的时候做好文档管理，制定一个严格的可扩展的文档体系，使所有可能的标准化设备都有一个对应的文档编号（及版本），当把所有标准化设备归纳完全后，整个公司或行业的标准化工艺就能形成一个巨大的财富宝库，它既是后续新工艺开发的基础，也是培养新进工程师的实用技术材料。

1.3 机械专业的交接

当机械专业根据客户需求或者合同要求做完设计以后，机械工程师应向后续专业工程师传递包括但不限于以下相关内容的说明，便于后续各个专业的工作思路保持一致性。

1）设计方案说明：

① 整体设备设计方案描述，包括设备的整体工艺描述，设备的整体要求（比如处理量等整个设备的关键参数）；

② 分部件描述，包括设计理论计算（主要为电动机选型、速度等计算依据以及结果）、部件编码（部件ID）、部件包含的元器件编码（元器件ID）、元器件作用等；

③ 其他有必要描述的事项，比如为电气控制设计的辅助系统，以及电缆路线设计等。

2）设备布局图样：图样上必须包含各个部件以及元器件的位置、编号以及其他必要信息。

3）设备清单表：主要为机械设计完成后的相关设备或部件的信息清单，包括但不限于包含设备（元器件）名称、设备（元器件）ID、电动机功率、额定电流、额定转速、设备（传输带）运行转速、必要的尺寸等，见表1-4。

表1-4 设备设计数据表头

设备 ID	设备 位置	功能 代码	设备 类型	设备 尺寸	设备 速度	电动机 类型	电动机 功率	额定 电流	是否 制动	控制 方式	电动机 转矩	电动机 惯量	备注 说明

以上的内容都要基于现有的标准化设备进行设计，若有新的开发设备则一定要按照既定的规则，先做好新设备的知识收集和归纳总结，（各个专业一起）形成标准化设备的相关文档。这样一来，所有专业对于整个设备或者项目都有一致性的知识认知和储备，这样既不会出现沟通不畅的现象，也能大大提高整个设备或者项目的开发实施效率和质量。

第2章

电气设计的标准化

2.1 电气配套设备 ID 命名的标准化

电气配套设备是外购的成（配）套设备、电气控制柜及其他电气设备等与主设备存在机械或电气接口的设备总称。

2.1.1 外购的成（配）套设备

外购的成（配）套设备是指由于工艺需要而外购的整体解决方案的设备，比如读条码系统、安检机系统、视觉系统等，这类设备为主（工艺）线提供配套的辅助功能，与主线存在电气和控制接口关系，一般是横跨主线安装或者依附主设备安装。

由于成（配）套设备主要依附于主线，所以这些设备一定会安装在某个主设备附近，其功能辐射范围也会有一定的对象，因此，这类设备的 ID 一般按照两种原则命名：

1）以安装所在主线的 Unit 为基础，编号从 99 开始依次递减；

2）若该设备功能辐射范围为整个 Process Cell，那以 Process Cell 为基础，编号从 99 开始依次递减。

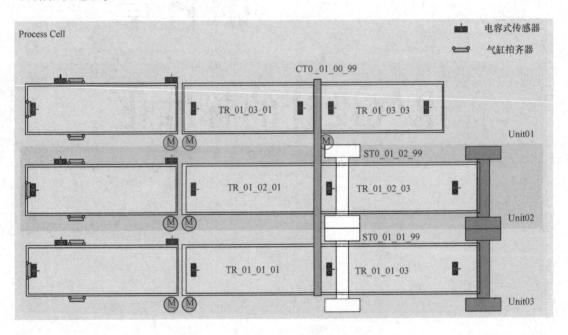

图 2-1　外购成（配）套设备 ID 图示

图 2-1 所示为一个设备的平面布局图，由于保密原因将功能区的名字隐晦为数字。图上黑色竖条状设备为一个废品剔除设备，当 TR_01_01_01 和 TR_01_02_01 上发现有废片，则抓取设备 CT0_01_00_99 就将其吸住送到 TR_01_03_01 上。由于该设备功能是将整个 Process Cell 中的废片剔除掉，所以该设备的 ID 就是基于整个 Process Cell，不按照 Unit 分配，即为 CT0_01_00_99。其中，CT0 为功能代码，01 为 Process Cell，00 表示所有 Unit 即整个 Process Cell，99 表示该类设备的第一个。

图上另有两个白色设备，它们主要是用于扫描 Unit02 和 Unit03 上是否有废片，若有则告知 CT0_01_00_99 将其剔除掉，所以这两个设备的 ID 是基于设备所在 Unit，99 表示在该 Unit 的该类的第一个。

成（配）套设备只是和控制系统进行数据交互，PLC 不需要控制成（配）套设备的逻辑的话，那对于该设备如此命名就足够了，其他的都交给成（配）套系统自己处理；若 PLC 需要完全控制设备的工艺逻辑，那还需要将成（配）套设备的具体元器件也命名。所以，对于成（配）套设备，不管 PLC 是否要参与控制其工艺逻辑，在选择和设计的时候最好也选择性能成熟可靠的设备，且后续的采购也最好不要轻易更改（更改了标准可能就变化了），这样更便于整个设备标准化的延续。

2.1.2 电气控制柜及其他

如果把机械设备比作一棵大树的树干的话，那控制柜就是这棵大树的绿叶和花果，这样整棵大树才是生机勃勃的，我们的设备也才有足够的基础去发挥它实质的功能。

控制柜按照功能和功能范畴，主要分为配电柜、控制柜、本地控制柜（箱）、接线盒。除此之外，和控制柜类似的还有操作面板，上面配备了工艺要求的各种按钮或者指示灯，见表 2-1。

表 2-1 控制柜分类表

中文名称	英文名称	功能码
动力配电柜	Power Distribution Cabinet	PDC
主控制柜	Main Control Cabinet	MCC
中央控制柜（若配电和控制在一起）	Center Control Cabinet	CCC
本地控制柜（包括远程 IO 箱）	Local Control Cabinet	LCC
端子箱	Control Terminal Box	CTB
操作面板	Operation Panel	OPP
三色塔灯	Signal Light Columnar	SLC

控制柜命名都是基于 Process Cell，所以柜体类的命名都是"功能码_PC_00（Unit）_数字"。若有多个控制柜，则第一个控制柜的数字为 01，依次递增；若控制柜只有一个，则该控制柜的数字部分用 00 表示即可。比如只有一个中央控制柜，则该控制柜的 ID 即为 CCC_0001_00_00（Process Cell 序号为 0001），这设备上的元器件的命名有点不一样，但宗旨都是便于工程师能一眼定位该符号的功能和位置。

再说明一点，表 2-1 展示的为一种思路，里面的功能码和控制柜类型，每一个公司或行业均应该依据自身特点，制定符合自身需求的定义（比如还有其他电气设备增加），这些都是标准化的一部分，所有设备或项目都应遵从同样规则，这样所有工程师的思维和工作方式都能保持一致。

2.2 电气设计思路

若把设备当成一个整体，控制柜当成另一个整体，那这二者之间的联络就靠它们之间的接口。设备要运转起来就必须有匹配的电源供给接口，这样设备才有能源驱动执行器按照预定流程执行动作。但仅仅有电源接口，这个设备无法自己启动，所以还需要一个控制接口，用于控制设备的启停。有了电源和控制接口，设备就具备运行的前提条件了，但若设备出现紧急情况危及设备和人员安全的时候，就需要安全接口来最大程度地保护设备和人员。图2-2所示为设备电气接口概览图。

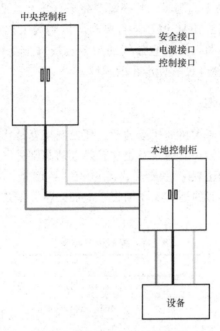

图 2-2　设备电气接口概览图

1. 电源接口

国内设备电源接口主要包括交流（AC）电源和直流（DC）电源的接口。交流电源包括：

1）设备驱动的主电源，一般为 AC 380V；

2）其他智能设备或仪表需要的 AC 220V 电源；

3）控制用的 DC 24V 电源。

2. 控制接口

一般控制接口传输的是设备 IO 信号、按钮及指示灯等信号，这些信号可以通过控制电缆作为连接桥梁，将设备和控制柜（柜内控制器）连接起来。

若设备的所有通信信号通过通信电缆连接到控制柜内的控制器，那控制接口也可以是一根控制总线的控制电缆。

3. 安全接口

安全接口主要用于保护设备的安全运行，一般主要包括保护接地和安全停止等。其中接地系统都是从配电房引出到控制系统的中央控制柜，中央控制柜内安装接地排，将整个区域的设备和相关设施的接地信号逐层收集。

电气设计思路基于上述三类接口，指对这三类接口进行标准化的规划和设计并保留相关的预留接口，保证整个系统的设计可靠性高，可拓展性强。

2.2.1 电源接口

1. AC 380V 电源

按照 Unit 为基本单元，将整个设备或者项目所有 Unit 按照功率的大小分成不同的电源组，根据总功率大小，可以一个 Unit 为一个电源分组，也可以多个 Unit 为一个电源分组，将每一个分组的总功率分配为大致相等，其目的是可以使控制柜中的接触器和断路器的型号尽量统一，降低采购和后续维护的难度。

如图 2-3 所示，若整个设备或项目由 3 个 Unit 组成，经过统计和现场布局考察，可以将 Unit1 当成一个电源分组，Unit2 和 Unit3 为一个电源分组。

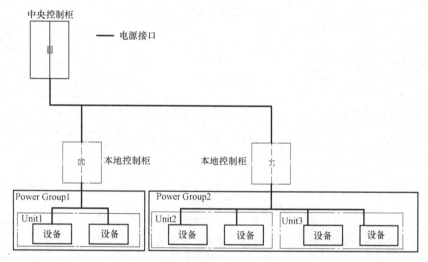

图 2-3 电源分组示意图

1）现场有本地控制柜，则将中央控制柜内的 380V 接口引出到本地控制柜，再由本地控制柜将电源电缆连接到每一个电源分组（Power Group）中的实际设备；

2）现场没有本地控制柜，可以通过电源总线铺设到设备附近，设备再从相应便利的地方取 380V 电源；若不是采用总线方式，那么将一根一根电缆铺设起来会是一个非常巨大的工程。

电源总线和通信总线一样，通过一个圆转扁接头将电源的圆电缆转换成扁电缆，然后将扁电缆铺设到整个电源分组；分组内的设备通过一个扁转圆接头将电缆转换为常用的圆电缆，然后接入设备电源进线位置。电源总线示意图如图 2-4 所示。

圆转扁接头上方的电源可以来源于中央控制柜，也可以来源于本地控制柜，图 2-5 所示为 AC 380V 配电设计概览图。

基于上述描述，每一个公司或行业根据自身设备或项目的特点，在 AC 380V 电源设计的时候就可以在控制柜内固定 N 组，N 的最大值要做好一般情况下的 0.5 倍的预留，在确定 N 的值的时候，建议的电源分组是 8 的倍数，这样更利于 IO 模块的分配。

Power Group 引线到本地控制柜或者对应的电源组的设备，同时总电源进线的断路器、

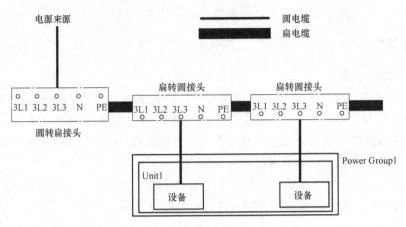

图 2-4　电源总线示意图

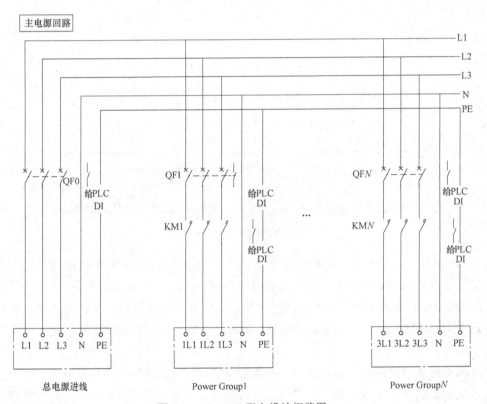

图 2-5　AC 380V 配电设计概览图

每一个电源分组的断路器和接触器的反馈信号接入控制柜内的 IO 模块，只要是这个标准化设备的控制柜的 AC 380V 电源统一如此设计，即使有的设备或者项目有较多的电源分组的预留，其对应的 IO 点也不会改变，对应的 PLC 控制柜程序也不用改变，可以提高设备开发和项目实施的效率。

2. AC 220V 电源

若每一个 Power Group 需要单独的 AC 220V 电源的话，那有多少组 Power Group，就对应有多少组 AC 220V 电源，同时每一组断路器的反馈触点接入柜内 IO 模块。

若没有这个要求，那 AC 220V 电源基本都是一些控制类设备、仪器仪表、通信类设备以及通用设备的电源要求。

在 AC 220V 电源设计的时候，若用电负荷比较大，建议其相线从不同的相取电，这样能保证三相负载均衡，系统中不会产生不必要的电势差。

在 AC 220V 电源的设计中，一些重要电源的空气断路器的反馈触点应该接入柜内 IO 模块，这样既可以保护设备，也能便于程序中的故障的诊断，比如 UPS（不间断电源）、CPU 电源、网络交换机以及工艺所要求的设备。

一些普通功能，比如柜内照明或者风扇用的 AC 220V 空气断路器的反馈触点不需要接入控制柜内的 IO 模块，除非柜内温度有特殊要求而配置了空调，此时的 220V 电源的空气断路器才需要接入柜内 IO 模块。

AC 220V 电源的具体数量，要依据工艺配置和行业要求，考虑所有可能的情况配置最大数量的电源以及足够的备用电源。

假如工艺类型多样，也可以根据工艺特点设计 2~3 套不同的 AC 220V 电源供给，这样在不同设备开发或项目实施中就可以依据需求选择。图 2-6 所示为 AC 220V 配电设计概览图。

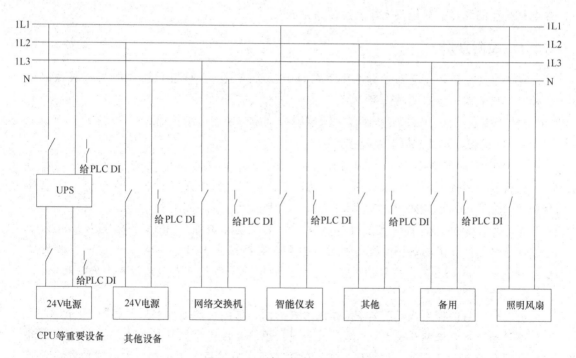

图 2-6 AC 220V 配电设计概览图

之所以设计 2~3 套不同的电源供给，目的就是能将 220V 电源的配置确定在一个可以直接选用的几个模板当中，这样在设备开发或项目实施的时候，只需要根据实际选择合适模板即可，同时，程序中应也配备对应模板的控制柜程序，这样不管是电气设计还是程序编程，都能快速高效且减少错误的出现。

3. DC 24V 电源

在 DC 24V 电源设计的时候，许多设计者都不管系统有多少需要 DC 24V 电源的设备，统统都只配一个 DC 24V 电源，而不会考虑硬件的实际要求（有的设备需要单独的 DC 24V 电源），这样的设计就可能会存在一些隐患，比如 GMC 问题；所以，在设计 24V 电源的时候，应考虑或遵从以下方式：

1）CPU 以及 IO 模块的 DC 24V 电源单独出来，一般使用 5A 的即可；

2）其他设备若有单独 DC 24V 电源的需求，则分别设计一个 24V 电源；若没有单独的电源需求，则可共用一个 24V 电源；

3）各个组的 DC 24V 电源都用并联端子联结在一起，便于设备接线查线；

4）根据实际情况将 DC 24V 的空气断路器反馈信号接入柜内的 IO 模块。

本地控制柜有 DC 24V 电源的需求的话，一般都是在本地控制柜内根据需求配置 DC 24V 电源，这样就将本地控制柜和中央控制柜的 DC 24V 电源隔离开来，既便于分布式管理，也保证了每个本地控制柜之间的独立性。

从上述的各种电源接口的描述可以看到，电气设计是一个专业性比较强的工作，它要求从业人员对设备或者项目要非常熟悉，能正确合理规划好电气资源；同时还需要从业人员对设备或项目中使用的电气产品非常熟悉，否则一些电气产品的特殊需求和接线方式，在电气设计的图样上可能都无法表达传递正确。

2.2.2 控制接口

在本书 1.2 节"工艺命名标准化"内容中，梳理了一个标准化设备的结构属性，对于控制接口而言一般有两种情形：

1）干接点（Dry Contact）通信，即控制接口通过控制电缆传输；

2）控制接口通过通信电缆连接。

1. 干接点通信

设备或项目由不同的 Unit 组成，类似于电源接口，控制接口的信号也是由下而上逐个汇集到中央控制柜，如图 2-7 所示。

每一个 Unit 根据设备的数量设置至少一个接线盒（BOX），BOX 的名字以 Unit 为基础逐次递增。Unit 里的每一台设备通过一根多芯电缆接入 BOX，BOX 再通过一根或者多根控制电缆，将 Unit 内的控制信号接入本地控制柜（若有）或者直接接入中央控制柜。

2. 总线通信

标准化设备的控制接口若是 PN 总线方式的话，那结构和电缆类似，如图 2-8 所示。

不管通过控制电缆还是 PN 总线，大致设计思路和设备布局都是一致的，都是按照机械布局逐层相连。这只是一种思路，实际的设备开发或项目实施过程可以以这种思路为基础，结合自身特点设计和自身相符合且具有高性价比的方案。

2.2.3 安全接口

此处讨论的安全接口以紧急停止功能为例，且只讨论安全回路的规划，对于安全等级等内容请参考相关标准。

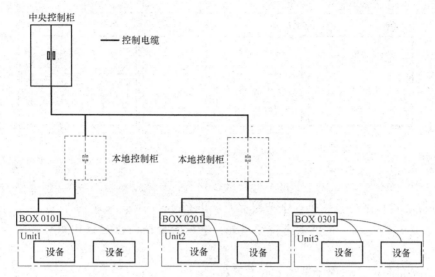

图 2-7　控制电缆信号传递图示

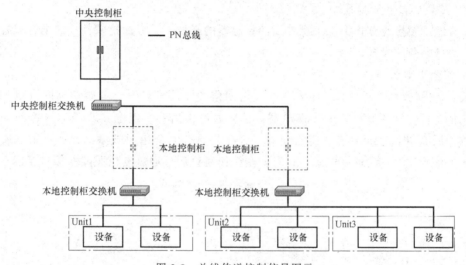

图 2-8　总线传递控制信号图示

  对于一般的设备或者项目，都免不了要设置安全停止按钮，每一个按钮控制的安全停止的设备范围都不一样，根据工艺要求，有的安全按钮只负责停止部分设备，而有的安全按钮会令整个 Area 的设备都停止。

  安全按钮的布置，也需要根据工艺和设计要求，每一种设备或工艺都可能不同，本节讨论一种分配安全按钮作用范围的思路。

  参考前文的电源接口，我们知道整个设备或者项目被划分为不同的电源分组，每一个电源分组都通过一根电缆给所在电源分组的设备供电。安全按钮的作用范围就是基于电源分组来规划的，根据工艺和设计要求，可以将一个或者多个电源分组设置为一个安全分组，这个分组内的任何一个安全按钮激活都能将对应的这些电源分组的设备停止，将这样一个安全分组称之为 Safety_Zone，如图 2-9 所示。

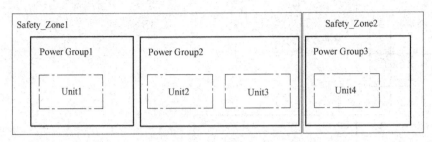

图 2-9 Safety_Zone 示意图

图 2-9 中，Safety_Zone1 内任意一个安全按钮都能停止 Power Group1 和 2 内的所有设备，Safety_Zone2 内的任意一个安全按钮都能停止 Power Group3 的所有设备。

除了各自 Safety_Zone 内的安全按钮以外，全局安全按钮也能停止所有电源分组内的设备。

对于安全的控制，当前主流的方式有两种：

1）安全继电器；

2）安全 PLC 和安全模块。

前者通过硬接线方式控制电源分组的接触器的吸合，后者通过软件程序的方式控制电源分组的接触器的吸合。

1. 安全继电器

图 2-10 所示为典型的基于继电器的安全回路的设计示意图，全局安全按钮和 Safety_Zone 内的急停按钮串联接入安全继电器，然后通过输出一个继电器常开信号控制 Safety_Zone 内的所有电源分组的接触器的线圈，这样只要有安全按钮被激活，所有的 KM 就会断开，从而断开对应设备的电源；只有安全按钮复位后，通过复位回路的信号复位，所有

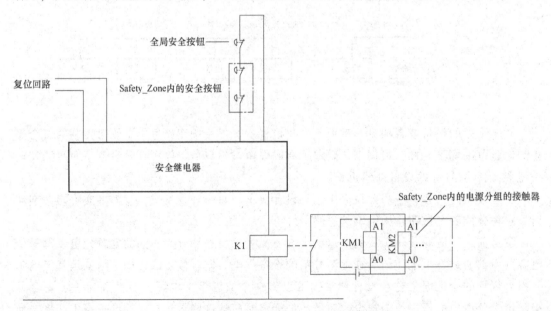

图 2-10 安全继电器回路设计示意图

设备的接触器才能重新吸合。

安全继电器方案性价比高，也能达到相应安全等级要求，但现场安全停止按钮的布线复杂，出现问题后的排查比较困难。

2. 安全 PLC 和安全模块

安全 PLC 和安全模块相对于安全继电器来说，由于是通过程序来控制接触器的吸合，所以更容易实现对不同的 Power Group 的控制，甚至可以远程控制 Power Group。但安全 PLC 价格昂贵，即使现场电缆更少，但也需要根据实际情况来决定采用的安全接口的方案。

2.3　IO 符号规则

现实中很多的知识都是一些规则的合集，而且这些规则随着时间的飞逝也在不断地更新迭代，跟工控相关的规则就是 PLC 的指令集，指令集是一种语法规则，按照这些指令的规则和语法，PLC 才能实现各种高精度的设备或者项目的控制。随着技术的进步，PLC 的指令和功能也越来越强大。

标准化系统是整个实际的工业系统在一个虚拟的环境中的再现，所以和机械电气相关的规则，最终都要体现在整个系统的控制系统中，并和实际设备相匹配。

若整个设备的规则都按照机械和电气规则设计并定义好，那 IO 符号就是一个软件中的再现而已，只不过在控制系统中会给每一个 IO 的符号加上一个属性前缀。比如一个设备上的光电器件的 ID 是 0001_01_03_71_PEC，那这个设备对应的输入（I）信号的符号就是 I_0001_01_03_71_PEC，这个符号既能体现这个实际硬件的位置和功能，也能实现符号功能的唯一性；

再比如某个电动机的 ID 为 0001_01_03_11_MTR，那电动机符号就是 Q_0001_01_03_11_MTR。具体的前缀规则就是体现：

1）符号是输入还是输出符号；

2）符号数据的类型，详细可以参考表 2-2 中的规则。

表 2-2　IO 符号的前缀分类表

类　　型	符 号 前 缀	类　　型	符 号 前 缀
数字输入符号	I_	模拟输入符号	IW_
数字输出符号	Q_	模拟输出符号	QW_

电气控制柜及其他类的命名也是使用前缀+元器件的 ID+功能描述，比如某个中央控制柜的 ID 为 CCC_0001_00_00，则上面启动按钮（ID 为 11）的变量符号则为 I_CCC_0001_00_00_11_Start；再比如一个操作面板的 ID 为 OPP_0001_01_01，则上面启动按钮（ID 为 11）的变量符号则为 I_OPP_0001_01_01_11_Start，表示该区域（0001）内第 1 个 Unit（01）里面的第 1 个操作面板（01）上的 Start 按钮。

除了 IO 符号的命名可以让该对象的功能和位置一目了然之外，在后续的程序中，我们也会发现这些机械和电气的标准化规则会成倍提高工作的效率和易维护性。

　　以上是硬件层面的规则，但这世界的设备或项目种类繁多，工艺要求也是千变万化，所以这也不是唯一的标准化的方式，只要能将整个系统的内容体现到控制系统中并做成对应的标准化的程序，这都是标准化的内容。

　　本书接下来的内容将按以下宗旨来进一步介绍标准化设计：

　　1）归纳的普遍的规则和属性，没有指对特殊行业或者特殊工艺；

　　2）采用的规则和标准化的内容基于西门子的 S7-1200/1500 PLC 的程序来体现。

第 3 章

面向对象的编程思想

3.1 面向过程和面向对象的概念

"面向过程（Procedure Oriented）"是一种以过程为中心的编程思想，是以"什么正在发生"为主要目标进行的编程，面向过程就是分析出解决问题所需要的步骤，然后用函数把这些步骤一步一步实现，使用的时候一个一个依次调用就可以了，如图 3-1 所示。

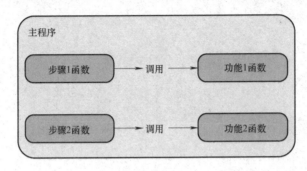

图 3-1　面向过程编程方法

"面向对象（Object Oriented）"是软件开发方法，是以"是谁在受影响"为主要目标进行的编程。面向对象的概念和应用已超越了程序设计和软件开发，扩展到如数据库系统、交互式界面、应用结构、应用平台、分布式系统、网络管理结构、CAD（Computer Aided Design，计算机辅助设计）技术、人工智能等领域。面向对象的编程是一种对现实世界理解和抽象的编程方法，是计算机编程技术发展到一定阶段后的产物，如图 3-2 所示。

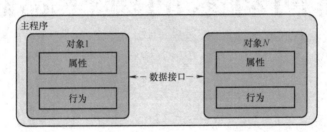

图 3-2　面向对象编程方法

面向对象是指把构成问题的事物分解成各个对象，建立对象的目的不是为了完成一个步骤，而是为了描叙某个事物在整个解决问题的步骤中的行为。

面向对象是相对于面向过程来讲的，面向对象方法，把相关的数据和方法组织为一个整体来看待，从更高的层次来进行系统建模，更贴近事物的自然运行模式。

在 PLC 中，虽然没有面向对象编程的"类"等术语的概念，但在 PLC 中都能找到与面向对象中相似概念的表达方法。比如面向对象中，"类"的概念在 PLC 可以通过 UDT（User-Defined Distinct Type，用户自定义数据类型）定义出来，不同的是 PLC 中可能需要多个 UDT 才能将一个对象的"类"完整地表达出来。

面向对象中，"方法"的概念在 PLC 中可以通过 FB（Function Block，功能块）表达出来，同时 FB 的"嵌套"在一定层面上和面向对象中的"继承"类似。

在标准化系统中，所有设备的性能属性都被归纳总结在工艺描述中，那面向对象的编程方法就是将其在程序系统中实例化出来。为便于理解，下文将借用一个经典笑话，用一个面向对象的编程思路来剖析"将大象装进冰箱"。

3.2　面向过程和面向对象的不同表达

1. 面向过程

本节以"将大象装进冰箱"来类比工业生产的过程步骤，举例说明面向对象的编程思想及其与面向过程的编程思想的区别。在面对这样的课题的时候，面向过程的编程人员就会针对分析这个需求之后列出几个步骤：

1）把冰箱门打开；

2）把大象装进去；

3）把冰箱门关上。

上面每一个步骤，程序员都会用一个函数或者功能块来实现，比如定义了如下的FB：

FB_OpenTheDoor () ;

FB_PushElephant () ;

FB_CloseTheDoor () ;

再通过排列组合完成客户的需求，顺利交工。

通过以上描述我们发现，程序员做的工作就是在接到需求以后，把这些需求拆成一个一个的指令或者步骤，然后根据客户的需求将其排列起来交给控制器去执行。和上一节所讲的面向过程的定义是一致的。

这样就结束了吗？如果后续交流时，客户又说还要实现以下功能：

"我要把大象装冰箱，但是门别关，敞着就行"

"我还需要冰箱的冷藏温度调到10℃"

……

这个时候，程序员就必须得把整个程序系统通读一遍，找出可以用的函数（如果没有就再定义一个），最后依次调用它们。随着客户后续要求的不断提出，最后容易使整个系统变得越来越杂乱无章且难以管理，程序员不堪重负。

2. 面向对象

下面通过面向对象思维，从另一个角度来解决这个问题。面向对象是把"对象"作为程序的基本单元，控制过程中的驱动器、传感器、智能设备都可以归纳为对象。那么对象到底是什么呢？对象就是对事物的一种抽象描述，现实世界中的事物，都可以用"数据"和"能力"来描述。比如要描述一个人，"数据"就是他的年龄、性别、身高体重，"能力"就是他能做什么工作，承担什么样的责任。

例如让"电动机"这个对象"起动"，就可以把"起动"的命令发给"电动机"让其执行，就实现了"电动机起动"的需求。

如何进行面向对象的编程呢？根据上面课题的需求，下一节将演示按照面向对象是怎么编程的。

3.3 对象属性

第一步，提炼对象属性。这个需求里面，程序员要面对的对象是显而易见的，"大象"和"冰箱"都是这个需求中明确的实体对象。

"装进"这个动作是一串的指令，其实包括两方面的动作：打开（冰箱）+装（大象）；那这个需求的对象见表3-1。

表3-1 提炼对象属性清单表

提炼对象属性		
序号	对象名称	对象动作
1	大象	装
2	冰箱	打开

第二步，分析对象属性。属性分析就是描述对象特征，像上文说的一样，可以用"数据"和"能力"来描述，见表3-2。

表3-2 对象属性分析表

对象属性分析			
对象	数据	能力	需求
大象	三维尺寸、重量等	行走（速度、位移）	食物供给
冰箱	三维尺寸 冷冻室：空间、温度 冷藏室：空间、温度	开门 关门 温度调节	AC 220V 电源

在PLC编程过程中，除了分析这个对象属性以外，还要做的就是将对象属性和程序结构相关联，细化到程序中就如表3-3所示。

表3-3 程序实例化分析表

程序实例化				
对象	参数设定	输入	输出	性能信息
大象	无	行走指令	正向行走（进冰箱） 反向行走（出冰箱）	三维尺寸、载重能力等
冰箱	冷冻室温度设定 冷藏室温度设定	电源（硬件需求） 指令：存储/取出 指令：启动/停止	冷冻室门的开关 冷藏室门的开关 冰箱的启动/停止	三维尺寸、冷藏室温度+剩余空间 冷冻室温度+剩余空间 其他信息

3.4 对象编程

1. 冰箱的编程

参数说明：可以来自HMI（Human Machine Interface，人机界面）或者信息管理系统，包括冷藏室温度设置和冷冻室温度设置。

输入说明：

存储：向冰箱下达存储指令，存储指令包括的信息有存储的对象（大象），存储的位置（冷冻室还是冷藏室）等；

取件：向冰箱下达取件指令，存储指令包括的信息有取件的对象（大象），取出的位置（冷冻室还是冷藏室）等；

启停命令：此信号为 True 的时候冰箱启动，否则冰箱停止运行。

输出说明：

冷冻室门的开关：True 表示冷冻室打开，False 表示冷冻室关闭；

冷藏室门的开关：True 表示冷藏室打开，False 表示冷藏室关闭；

启停状态：True 表示冰箱已经启动，False 表示冰箱停止运行。

性能说明：

三维尺寸：冰箱的外在存储，包括长宽高的尺寸；

冷藏室：当前温度、当前剩余空间、载重能力；

冷冻室：当前温度、当前剩余空间、载重能力。

逻辑信息：包括运算逻辑以及运行状态。

运算逻辑信息：比如存储对象不符合当前冰箱的容量、取件对象在冰箱里面不存在、

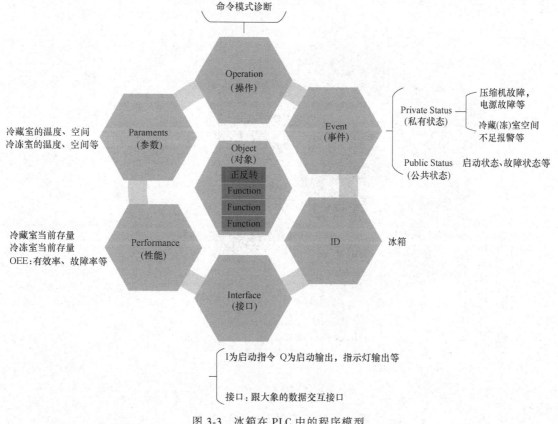

图 3-3　冰箱在 PLC 中的程序模型

大象重量超重（以上信息冷藏冷冻是分别存储的）等。

运行状态数：比如冰箱是否启动，是否有故障等。

将以上信息概括后可以在一个统一的模型中（有关模型的说明详见第 8 章）得到体现，具体如图 3-3 所示。

2. 大象的编程

参数：无。

输入说明：

进冰箱：True 表示要求大象进入冰箱，False 表示无定义；

出冰箱：True 表示要求大象走出冰箱，False 表示无定义。

输出说明：

正向行走：True 表示大象进冰箱方向行走，False 表示无定义；

反向行走：True 表示大象出冰箱方向行走，False 表示无定义。

性能说明：

三维尺寸：大象的体积，包括长宽高的尺寸；

重量：大象的总重量。

将以上信息概括后可以在一个统一的模型中得到体现，具体如图 3-4 所示。

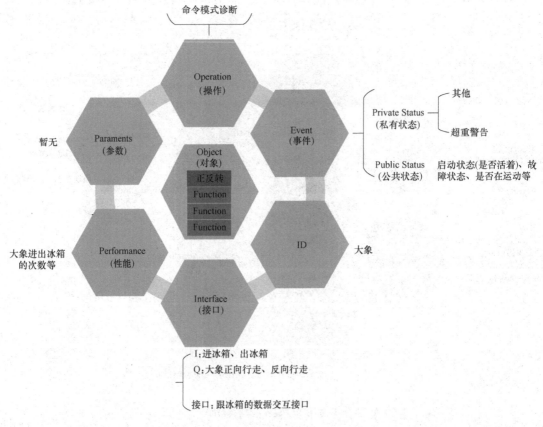

图 3-4 大象在 PLC 中的程序模型

经过上述过程，就将冰箱和大象的模型在程序中得以再造，只要将这两个模型在程序中建立接口关系，那客户的需求将"大象装进冰箱"就很容易实现了。此时，只要给大象下达走进冰箱的指令，冰箱就会在得到信息后打开对应门，大象自己就走进去了。

若此时大象体积太大或者超重（数据来自传感器），冰箱模块还会告知系统不能装载大象的原因。

同时，客户有其他后续需求的时候，只要在给冰箱的输入信息中加以说明，冰箱就会执行相应的动作，比如"门打开就好"或者"冷冻温度设置到−18°"等需求。

3.5 其他说明

通过上述的描述，可以发现大象和冰箱有两个相同点：

1）两个控制对象的控制模型是一样的；

2）两个控制对象有一个相同的功能（Function）：正反转，见表3-4。

表3-4 对象正反转定义表

对象	正转	反转
冰箱	打开冰箱门	关闭冰箱门
大象	进冰箱	出冰箱

现假设冰箱对象的功能块程序名为 FB_Fridge，大象的功能块程序名为 FB_Elephant。那后续的项目中只要有这两个对象，程序员要做的工作就是将程序名实例化而已。

面向过程只是着眼于当前工艺需求，虽然编程简便快捷，但后续维护和复用时比较困难，也无法形成对应模型知识库，相关技术及知识得不到累积和传承。

面向对象则是在制造东西，是将现实中的对象在程序中再造一次。面向对象的前期编程工作量大，且需要具备相当的能力将对象的属性提炼总结出来，但其程序具有模块化、接口化等特点，便于后续的维护和使用，利于形成行业知识库，技术可以得到累积、发展、传承和更新。

随着技术的发展，冰箱（即设备）的性能会越来越先进，那对于程序员来说要做的工作就是与时俱进地更新 FB_Fridge 的功能，这样 FB_Fridge 的版本就会从原始版本跟着时代的更新发展到更多的版本。这样，对于冰箱这个对象，不仅升级再造功能可以完成，而且还能按照客户需求选择不同版本的程序（客户的冰箱可能是老款）来满足客户的需求。

两种编程方法的优缺点对比见表3-5。

表3-5 两种编程方法的优缺点对比

	优　点	缺　点
面向对象	模块化,接口化 便于后续维护 使用方便 功能齐全,能满足对象可以实现的功能 便于版本控制,利于技术的累积和发展	程序员具备一定的分析解决问题、良好的思维以及严谨的测试能力

（续）

	优　点	缺　点
面向过程	简单快捷	功能更新困难,后续维护使用不便,技术无法得以累积并发展

3.6　小结

　　本章以一个非控制实体为例,展示了面向对象的编程思路,在实际编程中,最重要的就是要把对象进行正确且详细的拆分。

　　工艺的拆分是最考验工程师能力的地方,很多标准化设备都是由于工艺理解不到位,或者工艺总结不够详细,到实际工作就发现,某个已经做好的标准化设备,由于其中很小的一个改动或者客户的一个不同要求的提出,这个标准的设备就又无法适用需求。

　　因此,工艺部分的理解和拆分的标准化,是整个标准化工作的核心,这也应了一句话就是,程序就是工艺。

　　在工艺设备中,我们应该怎么样划分对象呢?

　　首先,我们面向的基本对象应该是具备工艺功能的,那对应的就是设备分层中的 Unit 或 EM 的部分。处于该部分的设备具备单独工艺功能,可以和其他的 Unit 或在 EM 的设备组成一个完整生产线,只有面向该部分的对象,整个标准化体系才能达到模块化要求。

　　其次,除了工艺对象以外,底层的控制模块（CM）也是面向对象的部分。每一个 Unit 或者 EM 的基本组成单元都是这些 CM,标准化体系中只有这部分都标准化了,整个标准化的体系才会更加全面。

　　再次,除了设备层面以外,电气设备也是程序中必须考虑的对象,整个标准化体系由机械工艺、电气设备、程序架构以及信息接口四个方面组成,所以整个系统中的电气柜以及电气设备也是需要考虑的控制对象。

　　从下一章开始,本书将进入实际的编程的说明部分,而其中最重要的部分就是对上述的控制模型的描述和详细说明。

第4章

编程规范的标准化

工程师在工作中会接触很多程序，也会调试一些别人事先编好的程序，特别是当调试别人程序的时候，很多工程师都会说："哎，还不如自己重新写一遍来得快"。这可能是由于别人程序写得不好，思路和逻辑不清晰，但更多的问题应该是在编程的规范上，比如发现程序里面好多的 Tag×× (××是不断累加的数字)，而以前 STEP7 编程的程序都是绝对地址符号 M，导致可读性和可理解性非常差。

除了变量符号不规范外，由于没有严谨的程序结构和良好的编程习惯，程序中对同一个设备的处理程序经常会交叉，令数据交换混乱不堪。

还有就是一些变量和符号没有告知具体来源 (比如 SCADA/HMI)，而这些变量有的时候只是参与了一些状态控制，但变量名称可能只是一些没有意义的符号，这个时候，阅读程序就会感觉这个变量好像"天外来客"，不知道怎么来的。不同的设备或项目可能大部分相似，但总是有一些地方做得不是特别彻底。

正是由于工控文档做得不好的情况普遍存在，很多程序的功能都是要靠工程师自己逐一去猜测，所以很多工控人士很害怕调试别人的程序。

本章编程规范的标准化，以西门子的 PLC 为例，不同的 PLC 的编程规范可能不一样，但只是程序书写的规范不一样而已，和整个标准化的思路不冲突。

首先，编程软件中变量 ID 命名应该遵循以下原则，这个原则适用于所有模块的编程：

1) 变量名由字母、数字、下划线组成；

2) 必须以字母开头，英文单词的首字母大小写的选用应当统一；

3) 变量名必须是有意义的词语或词语组合，之间用下划线隔开，如 Act_Temperature；

4) 不能超过 32 个字符，如过长可简化单词，能看懂即可，例如：英文单词 Machine 可缩写为 Mach；

5) 不能使用一些关键字，如 if, for；

6) 使用英文 (变量尽量多做注释)。

高级语言行业内程序员目前常用的命名方式主要有 4 种：

1) 匈牙利命名法，主要表现为变量前有类型前缀，例如 intMyName；

2) 骆驼 (驼峰) 命名法，主要表现为变量首字母小写，例如 myName；

3) 帕斯卡 (pascal) 命名法，主要表现为变量首字母大写，例如 MyName；

4) 下划线命名法，变量名用下划线隔开并全部小写，比如 my_name。

作者建议，在面向对象的标准程序中推荐使用"前缀+下划线+帕斯卡命名"的方法，其中前缀用于表示变量类型；下划线用于隔开前缀和后面部分；帕斯卡命名主要用于描述该变量的功能。若名称比较长，帕斯卡命名部分也会存在简写的可能，依据实际情况确定。

4.1　M 变量命名规范

外部变量 (实际硬件的 IO 信号) 的命名规则在本书 2.3 节中已经作过介绍，变量符号主要是前缀+元器件的 ID+功能描述组成，本节主要描述西门子 PLC 的 M 寄存区的变量的 ID 命名的规范。

比如，一个表示当前日期的变量名为 MW_CurrDate，其中 MW 表示变量类型为 Word 或者 Int，Curr 是英文 Current 的简写，Date 表示日期。

常用的前缀主要有如下几个：

- 布尔型　　　　　　　　　　　　M
- 字符型/字节型　　　　　　　　　MB
- 整型/单字　　　　　　　　　　　MW
- 双整型/双字/浮点型　　　　　　　MD
- 字符串　　　　　　　　　　　　MS

4.2　功能块/函数编程规范

在标准化程序中，建议所有的功能块或函数的编程语言都使用 SCL（Structured Control Language，结构性控制语言），因为 SCL 是文本类编辑语言（STL 虽然也是文本类编辑语言，但可读性不如 SCL，且执行效率也不如 SCL 在 S7-300/400 PLC 中高），便于其他工具软件对里面内容的修改和合并，而图形类的语言就不具有此优势。

由于所有设备程序和程序框架都是标准的，所以文本类语言可以通过其他工具软件复制粘贴，利于使用其他工具软件自动生成 PLC 程序。

4.2.1　命名规范

功能块（FB）主要用于控制对象在程序中的实例化，根据前文的描述，每一种工艺设备对应一个 FB。

FB 是标准化工艺设备（设备分层中处于 Unit/UN 或者 EM 层级）的主干程序，一般其 ID 的命名方式为 FB_EM（UN）_×××，其中 FB 表示程序的类型，EM（UN）表示主干设备的程序，×××就是对应的具体工艺的名称，比如一个打包机设备的 FB 的 ID 为 FB_BC_Pack01。由于打包机的工艺可能存在多种样式，所以 Pack01 中的 01 即表示某种工艺的打包机，这些都必须在工艺文档中给予清晰描述。

除了主工艺设备的 FB 的 ID 命名，功能元器件的 FB 一般命名方式为 FB_CM_×××，其中 FB 表示程序的类型，CM 表示主设备的层级是控制单元，×××对应的具体元器件名称，比如一个末端光电器件的 FB 名称为 FB_CM_EndPEC；

一般设备或项目到元器件的 FB 层级，即 CM，就不能再细分，和整个设备的层次划分是一致的；但若某些元器件的功能中还能向下细分不同功能，那 FB 的命名方式为 FB_BM_×××。比如某个功能块，既需要在电动机功能块中调用，也需要在光电功能块中调用，是这些 CM 的分支（Branch）功能，所以 Branch 的首字母和 Module 的首字母组成，写作 BM。应注意，一般 BM 的形式在实践中非常罕见，除非工艺分解得非常细致才有可能存在。

这样，对于设备层面的 FB，就按照层次分为三级，它们可以嵌套的关系为 EM（UN）>CM>BM，即前面的 FB 可以调用后面的 FB 作为内部的静态变量。

除了设备控制的 FB 以外，其他 FB 和函数（FC）命名方式为"前缀_×××"，其中前缀表示该程序的类型，比如 FB 或者 FC，×××代表该 FB 或 FC 的功能的英文单词或词组，比如后面要介绍的控制指令管理程序 ID 为 FB_ModeAndStatesManager。

4.2.2 形式参数、实际参数和变量规范

函数的参数有形式参数（形参）和实际参数（实参）两种，二者的本质不同，形参的本质是一个名字，不占用内存空间；实参的本质是一个变量，占用内存空间。

图 4-1 中，左边的框内的就是形参，若 FB 没有实例化或者 FC 没有被调用，它只是个名字而已，没有具体意义；右边的框内的就是实参，具有实际的地址。

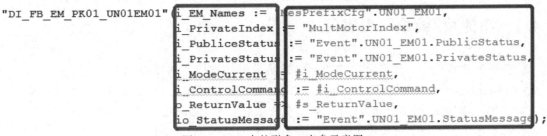

图 4-1　PLC 中的形参、实参示意图

在博途（Portal）软件中可以设置脚本编辑器的不同类型文本的颜色，所以在标准化程序中，形参和实参以不同颜色标识，便于阅读时候更能快速区分。在 Portal 中进入选项→设置后，在弹出的界面中选择常规→脚本/文本编辑器，然后在字体颜色中可以按照需要设置不同文本的字体颜色，如图 4-2 所示。

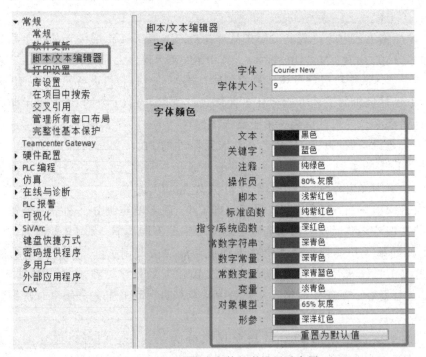

图 4-2　Portal 中脚本字体颜色设置示意图

在 PLC 编程中，形参和实参的 ID 可以相同，不同的 FB 的形参的名字也可以相同，特别是存在嵌套的 FB 中，两个形参的 ID 相同会更方便程序的编写和批量生成。

1. 前缀

所有形参和变量的 ID 命名都要体现其属性，即通过形参或者变量的 ID 就能一眼看出这是属于哪一类，通常用小写字母表达，即前文建议的"前缀+下划线+帕斯卡命名"，见表 4-1。

表 4-1 FB 和 FC 的接口前缀表

形参或变量	前缀	说明
输入（input）	i	形参,FB 和 FC
输出（output）	o	形参,FB 和 FC
输入输出（input output）	io	形参,FB 和 FC
静态变量（static）	s	变量,仅 FB
临时变量（temp）	t	变量,FB 和 FC
常量（constant）	Con	常量,FB 和 FC

2. 形参命名规则

FB（FC）的实参可以来自：

1）实际设备的传感器或执行器；

2）控制柜或面板上控制指令；

3）工艺设备的配置参数；

4）程序中的中间变量。

若所有 FB（FC）的形参的名字也表达了参数的来源，在程序的阅读和理解时就会非常便利。

比如设备中有个仪器的功能是检查产品外观是否满足要求，若满足要求，则将产品"释放"到系统中。有的时候，仪器可能判断出不满足要求，但在人工检查站检查的结果还是在偏差允许的范围内，那么可能就需要操作人员按一个按钮，将其重新"释放"到系统中。

这个场景中，人工按钮和仪器自动检测的"释放"的指令实现的功能是一样的，但来源不一样，若形参中可以表明这个区别，那在程序员阅读理解程序的时候就能避免困惑，便于快速理解。

所以，对于 FB（FC）的形参命名，可以在名字前缀后面加一个修饰符号（若有），通过这个修饰符号来判断形参可能的来源，对应上述的四种实参来源的修饰符号有如下对应，见表 4-2。

如图 4-3 所示，下方的框内第 1 个形参的 ID 为 i_HW_EndPEC，表明了这个形参来自实际设备的硬件 IO；第 2 个形参的 ID 为 i_CMD_Reset，表明了这个形参是控制指令类的命令；第 3 个形参的 ID 为 i_CFG_Speed，表明了这个形参是速度的设置值。上方的框内就是程序中的一些中间变量，直接使用功能的名字作为形参的 ID。

表 4-2　FB 和 FC 的形参修饰符号表

序号	实参来源	修饰符号	说明	最终名字
1	实际设备	HW	Hardware,硬件	前缀+下划线+HW+下划线+功能
2	控制指令	CMD	Command,指令	前缀+下划线+CMD+下划线+功能
3	配置参数	CFG	Configuration,配置参数	前缀+下划线+CFG+下划线+功能
4	中间变量	NA	不加任何修饰	前缀+下划线+功能

```
"DI_FB_EM_PK01_UN01EM01"(i_EM_Names := "MesPrefixCfg".UN01_EM01,
                         i_PrivateIndex := "MultMotorIndex",
                         i_PubliceStatus := "Event".UN01_EM01.PublicStatus,
                         i_PrivateStatus := "Event".UN01_EM01.PrivateStatus,
                         i_ModeCurrent := #i_ModeCurrent,
                         i_ControlCommand := #i_ControlCommand,
                         i_HW_EndPEC:=false,
                         i_CMD_Reset:=false,
                         i_CFG_Speed:=false,
                         o_MTR_Run=>_bool_out_,
                         o_Report=>_dword_out_,
                         o_ReturnValue => #s_ReturnValue,
                         io_StatusMessage := "Event".UN01_EM01.StatusMessage);
```

图 4-3　PLC 中的形参名字示意图

4.2.3　程序属性

编程规范不涉及具体编程，只是规定了一个 FB 或者 FC 等程序的信息类表达的方式，比如 FB 或 FC 的属性以及程序中的注释等。

FB 或 FC 的属性有两种注释方法，第一种就是给每一个在程序中建一个头文件，其本质是一段描述性的文字，头文件中包括但不限于以下内容：著作所有权、功能概述、作者、程序类型、具体的功能描述以及修改历史，如图 4-4 所示。

图 4-4　程序头文件示意图

图 4-4 所示的头文件为 SCL 编程的书写示意，若是 LAD 的编程语言，可以直接复制粘贴在块标题中，格式是一样的。

第二种就是使用 Portal 自带的属性工具，选中某个 FB 或 FC，通过鼠标右键选择属性，在弹出框中选择信息，如图 4-5 所示。

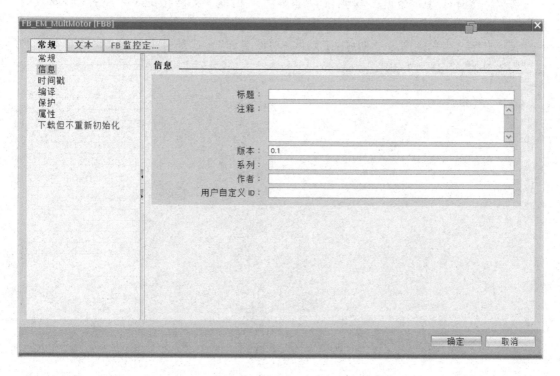

图 4-5　块属性示意图

由图 4-5 可见，块属性信息中也规定了标题、注释（可以复制上述的头文件）、版本以及作者等信息的条目，但其无法自定义条目，只能按照这个格式书写，而头文件的方式可以自行定义条目内容，在不同 PLC 品牌转换时也可以做到无缝衔接。

4.3　数据块（DB）及其他名称规范

PLC 中的数据块分为全局数据块和背景数据块，若按照面向对象的思想理解的话，背景数据块其实就是设备实例化后的私有数据，只不过在 PLC 中背景数据块也能直接访问。

所有的 ID 命名规则通用的是都用前缀表明其身份，DB 也是如此。

全局数据块 ID 的前缀为 DB，即 Data Block，完整 ID 为 "DB+下划线+名称"，比如设备参数设置的数据块的名字为 DB_Parameters。

背景数据块 ID 的前缀为 DI，即 Data Instance，完整 ID 为 "DI+下划线+FB 的名称+归属描述"。

比如一个设备的 ID 是 UN01_EM01，其控制程序块名字为 FB_EM_Pack01，那相对应的实例化的数据块的 ID 为 DI_FB_EM_Pack01_UN01_EM01。

非设备控制的 DI 的 ID 根据不同情况，有不同的命名方式。比如 FB_Control，若该程序只调用一次，那它的背景数据块的名字为 DI_FB_Control，不需要加上归属描述；若该程序需要调用多次，那背景数据块的名字还是要加上归属描述加以区分。

所以，整体上 DB 命名的规则可以理解为"前缀+实例化的 FB 名字+归属描述（若有）"。

其他自定义名称规则为"前缀+下划线+功能名称"，比如一个自定义的控制字的数据，则该 UDT 的 ID 则为 UDT_Control。

第 5 章

主程序（OB1）及时钟系统标准化

前几章描述的是工艺和硬件方面标准化的思路，而从本章开始，就是程序部分的标准化的思路。现实中，大部分做控制的工程师都会忽略工艺和硬件部分的标准化，导致当设备的工艺有少许更改时，以前的 FB 程序的更改难度大，甚至不得不又得另起炉灶建立一个全新的 FB，降低了工作和生产效率。

标准程序框架不仅仅只是一个程序规范，更重要的是将前文描述的工艺和硬件的标准化思路体现出来，从程序中能找到实际设备或者硬件之间清晰准确的匹配关系。

5.1 主程序（OB1）标准化

主程序也称主函数（main function），在许多命令式程序设计语言里，主函数是程序开始运行的地方，通常来说一个 PLC 系统只有一个主程序。在西门子 Portal 中，可以建立多个主程序，主程序从组织块（Organization Block，OB）为单元来编写和呈现，PLC 运行的时候，将按照这些 OB 的编号由小到大依次执行。本章将编写一个程序实例，来说明主程序及时钟系统的标准化。

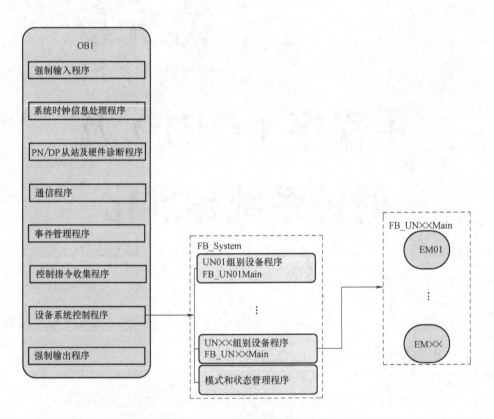

图 5-1　PLC 控制程序框架示意图

整个 PLC 的标准框架如图 5-1 所示，作为程序的主入口，OB1 主要包括 8 个部分，分别是强制输入程序、系统时钟信息处理程序、PN/DP 从站及硬件诊断程序、通信程序、事件管理程序、控制指令收集程序，设备系统控制程序以及强制输出程序。

1. 强制输入程序：FC_Force_Input

在标准化框架中，强制输入程序为一个函数，该函数名字为 FC_Force_Input。该函数主要用于在调试过程中的一些中间变量（这些中间变量可能是其他 FB 的输入）的临时强制赋值。

该函数没有数据接口。

2. 系统时钟信息处理程序：FB_System_Info

在标准化框架中，系统时钟信息处理程序为一个 FB，名字为 FB_System_Info。该 FB 主要用于收集 CPU 的时钟信息，包括 CPU 时钟脉冲、CPU 时间以及 OB1 的当前循环时间。

该 FB 的数据接口为预定义的 M 变量或者一个专用 DB，在当前的标准化程序中为包括系统时钟在内的 M 变量，总共预留的 M 变量的地址范围为 0B[⊖]到 100B（MB0～MB100）。许多不喜欢用 M 变量或者觉得 M 变量无法标准化的工程师，也可以将这些变量定义在一个 DB 中。

关于 M 变量影响标准化的观点，作者认为主要是因为目前许多工程师都是面向过程编程或者编程思路没有完整规划。对于面向对象编程来说，所有设备的程序都用 FB 标准化，该设备程序的交互数据都是以接口的形式传递（后文有描述），一般不建议动辄就用 M 变量来临时代替，这才是导致用 M 变量无法标准化的原因。

本标准化框架中的 MB0～MB100 都已有各自的定义，而且所有的程序都需要用这些数据，所以项目中需要使用 M 变量的时候，其地址需从 MB101 开始定义。

在 Portal 系统中，M 变量真正影响的是程序扫描时间。由于 Portal 推荐使用的是优化的块访问（具体参考西门子官方资料），而使用 M 变量要进行地址寻址，这会导致程序扫描时间的增加。但在这个标准化程序中，所有可能存在的地址寻址的变量就是 MB0～MB100，对于一个大型设备或项目来说影响不是特别大（影响时间可能在 1ms 以内），对于小设备来说可能都不在意扫描时间。

3. PN/DP 从站及硬件诊断程序：FB_Slave_DiagnoInfoemation

在标准化框架中，从站及硬件诊断程序为一个 FB，名字为 FB_Slave_DiagnoInfoemation。该功能块主要用于收集当前组态的硬件以及 PN/DP 从站的故障诊断信息的收集。

西门子官方提供了一个硬件诊断程序，将所有模块以及从站的信息都收集在相应 DB 中。FB_Slave_DiagnoInfoemation 就是将西门子官方程序库提炼简化，将所有从站信息都收集到 DB_Slave_States 中。该 FB 的数据接口为 DB_Slave_States，该 DB 的具体数据结构示意图如图 5-2 所示。

对于西门子 PLC 来说，一般最多有两个网卡或 Profibus DP 接口（不考虑 CP 卡模块），所以定义了一个 UDT_PN_Slave_IO_System，该数据结构中包含 2 个 IO 系统。

对于 PN 网络，每一个系统最大的从站数量为 256 个。对于 DP 网络，每一个系统的最大从站数量为 128 个。在程序中定义了一个用户常量 CON_MAX_DEVICES_SYSTEM，网络系统不同的情况下只需要更改该常量的值即可。

⊖ 此处 B 意为字节（Byte）。

DB_Slave_States	
名称	数据类型
▼ Static	
■ ▼ PN_Slave_System	Array[1..2] of "UDT_PN_Slave_IO_System"
■ ▼ PN_Slave_System[1]	"UDT_PN_Slave_IO_System"
■ ▶ Slave_States	Array[1.."Con_MAX_DEVICES_SYSTEM"] of "UDT_Slave_States"
■ ▼ PN_Slave_System[2]	"UDT_PN_Slave_IO_System"
■ ▶ Slave_States	Array[1.."Con_MAX_DEVICES_SYSTEM"] of "UDT_Slave_State"

图 5-2 DB_Slave_States 结构示意图

程序中,每一个从站有用的信息主要包括从站是否在线、从站是否有故障、从站是否被禁止以及从站的名字(最多 50 个字符)。程序中的 UDT_Slave_States 的结构示意图如图 5-3 所示。

UDT_Slave_States		
名称	数据类型	默认值
Slave_Not_Present	Bool	false
Slave_Error	Bool	false
Slave_Disabled	Bool	false
Slave_Name	String[50]	""

图 5-3 UDT_Slave_States 结构示意图

4. 通信程序

在标准化框架中,没有通信程序示例,这里说的通信程序一般指开放式通信程序、485(USS)类通信程序等。

5. 控制指令收集程序:FC_Control_Command

在标准化框架中,控制指令收集程序为一个函数,名字为 FC_Control_Command。该函数主要用于将 SCADA/HMI 中的控制指令复制到程序中。

在标准化程序中,有一个 DB_HMI_Command,包含了各类人机界面的控制指令。该函数数据的输入接口为 DB_HMI_Command,输出接口为 DB_Command。该函数的作用是将该 DB 中的指令实时复制到 DB_Command,这是一个程序的控制指令的接口。

如此设置的原因是,在 SCADA/HMI 中的任何指令,只需要给出一个置位信号,当 PLC 收到置位信号后,将该信号复制到 DB_Command 中,同时将 DB_HMI_Command 中相应的值清零。这样,对于 SCADA/HMI 的控制接口就简单且统一了。

在很多设备或者项目中,不但有全局的控制指令,也有单个设备的控制指令,所以在程序中建立一个 UDT_Command,该自定义数据长度可以为 16 位,也可以是 32 位,其具体结构可以依据设备或项目确定,目前标准程序中只设置了常用的启停、复位等信号。

所以在两个 DB 中,都建立同样的变量名称,所有变量的数据类型都是 UDT_Command,然后通过函数用指针的方式,将 SCADA/HMI 中的控制指令及时全面地复制到 DB_Command 中。

6. 事件管理程序:FC_Event

设备过程信息分为警告(Warning)和报警(Alarm),设备的状态(Status)信息和过程信息统称为事件（Event）集中管理和输出，详细内容在第 13 章中会详细介绍。

7. 设备系统控制程序：FB_System

设备系统控制系统是设备控制程序的入口，在该 FB 中可以查看所有电气硬件程序、所有主线设备及所有辅助设备的程序。

8. 强制输出程序：FC_Force_Output

在标准化框架中，强制输出程序为一个函数，名字为 FC_Force_ Output。该函数主要用于在调试过程中的一些最终变量（比如 Q 点或者其他相关变量）的临时强制赋值。

该函数没有数据接口。

至此，OB1 的整体框架就搭建完成了，如图 5-4 所示。

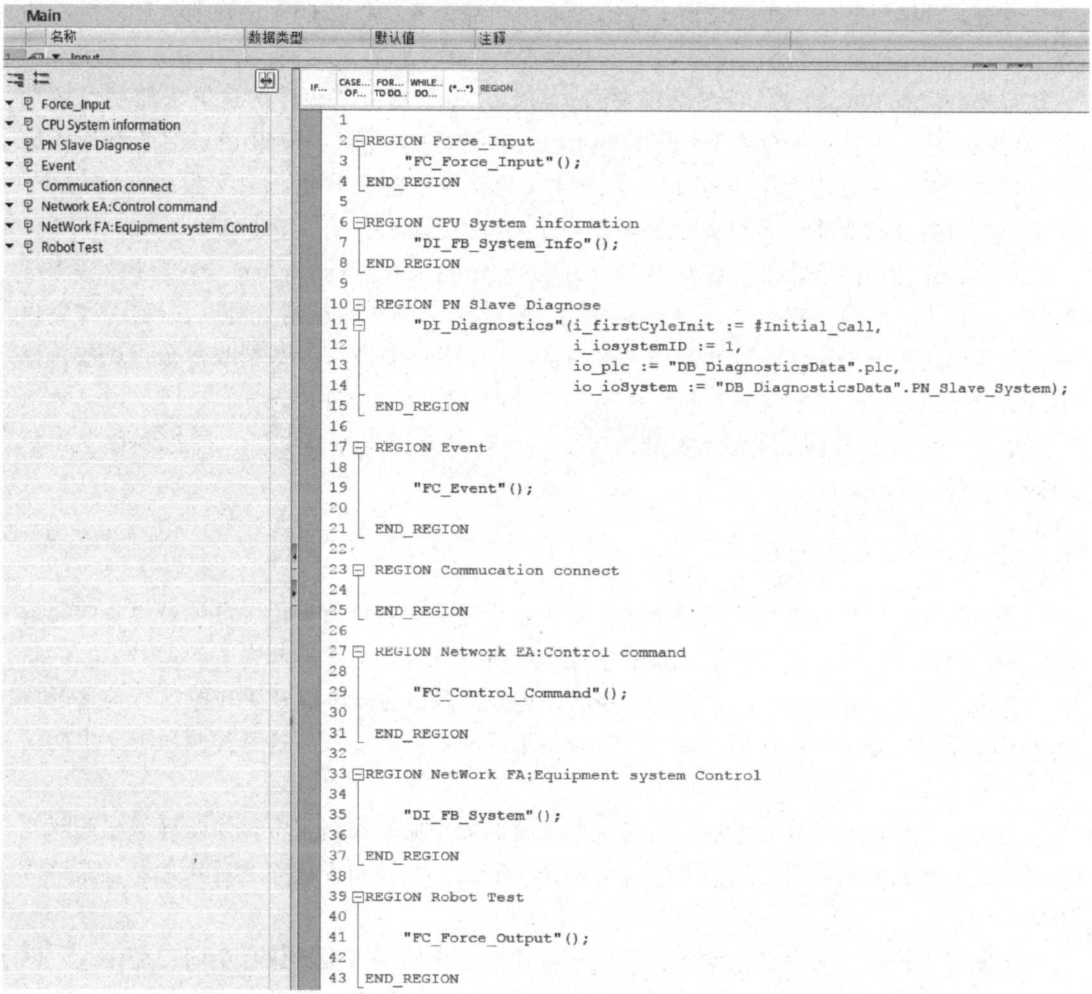

图 5-4　OB1 具体程序示意图

5.2　程序框架思路

通过 5.1 节和图 5-4，可以看到整个 PLC 程序的大致框架，那么这个框架主要遵循什么样的思路？为什么 PLC 程序是如此的设计布局？下面来具体说明。

1）程序的作用是工艺的再现，这个工艺包括设备工艺、电气工艺等两个专业的内容，所以在程序中要体现这两个专业的设计思路。

2）PLC 是一种硬件，会挂载各种智能设备或者 IO 模块，所以 PLC 硬件状态的正常与否也是整个程序思考的对象。

所以，所有程序的框架就是从上述两个方面考虑和设计。

5.2.1　主程序思路

强制输入和输出程序主要用于规范 OB1 的整体布局，否则在 OB1 中其他位置强制赋值一些变量的时候，整个 OB1 的结构会变得非常的杂乱无章，所以 OB1 中最前面和最后面的程序主要是书写规范的考虑，按照 CPU 扫描原理，将输入放在最前面，输出放在最后面。

首先，只有 PLC 的硬件系统是正常的，CPU 才能依据工艺程序的逻辑来控制现场设备。所以，OB1 的前面部分主要用于检测 CPU 的时钟是否正常、检测 PLC 的所有从站的通信是否正常。只有这两个方面正常了，CPU 的程序才能正常执行且下发到具体设备。这就是 OB1 中的系统时钟及从站程序位于整个 OB1 前端的原因。

其次，在与一些智能设备或者 MES（Manufacturing Execution System，制造执行系统）通信的过程中，从通信端接收来的数据可能会影响整个设备的控制，所以在确定 CPU 和从站正常的情况下，应实时检测从通信端的连接机制是否正常以及数据收发是否正常，否则可能会导致一些设备的逻辑过程无法执行或者产品的路径分拣错误。

最后，在 PLC 硬件及通信正常的情况下，所有设备（机械和电气）的控制程序才开始运行，即 FB_System。

5.2.2　FB_System 思路

设备系统中包括电气和机械两部分，对于整个设备或者项目来说，电气是设备的能量来源和安全保障，只有电气系统正常的情况下，机械设备才能运转起来。

所以，在 FB_System 中，首要的程序就是检查控制柜内的电源开关和控制开关是否合上，同时还要检查整个系统的电源是否符合整个控制系统的要求，这是控制柜程序排列在第一位的原因。

当为电气柜接入合格电源后，只有整个系统的安全保护回路正常，才能确保在危险的情况下，整个系统的设备得到快速响应的保护。所以，在控制柜程序之后就是安全保护回路的程序。

在电气系统确认完整且正常后，机械设备才能正常地按照逻辑执行不同的动作，所以在上述程序之后，才是整个系统中机械设备的控制程序，即整个标准化中最重要的工艺设备的程序。

5.3　时钟系统程序的标准化

不管 PLC 程序如何复杂如何庞大，所有品牌的 PLC 都可以看作一个二维世界，这个二维世界包括时间和变量（各种类型）两个维度。

图 5-5 所示为一个常为 TRUE 的布尔（Bool）型变量和一个频率为 1Hz 的脉冲信号在 PLC 运行后，随着时间维度的变化示意图。

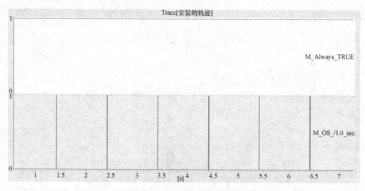

图 5-5　PLC 维度示意图

正常运行的程序表现为该程序中用到的所有的变量在时间维度上的不断变化，只是这个时间维度并不是常见的当前的时间，而是 CPU 开始运行后的时间累积。

程序中的变量由设备程序决定，由后续设备控制程序所完成。而 CPU 自开始运行后的时间数据，不会随着控制逻辑而改变，它只会自开始后就不断累积，直到 CPU 系统停止。所以，控制程序再强大也无法更改 CPU 的时间基准，二者是各自独立的。

时钟系统程序的标准化就是在所有程序编写之前，将 CPU 中跟时间相关的要素做统一处理，便于后续程序的调用以及一些其他函数功能的使用（比如定时或计数）。

处理这些程序的 FB 的名称为 FB_System_Info，即系统时钟信息处理程序。该程序块主要实现 3 个功能：

1）处理系统时钟；

2）创建日期时间及相关变量；

3）计算 CPU 当前循环时间。

5.3.1　西门子 CPU 的时钟设置

西门子 S7 系列 PLC 都提供了时钟设置接口，在 S7-300/400 中只提供了时钟储存器，而 S7-1200/1500 中除了时钟储存器以外还多一个系统存储器。

S7-300/400 系列 PLC 在 CPU 的属性中，勾选时钟储存器，地址（可以更改）默认为 MB0，Portal 中的设置如图 5-6 所示，STEP7 中的设置路径是一样的。

S7-1200/1500 系列 PLC 在 CPU 的属性中，勾选启用系统存储器字节和启用时钟储存器字节，系统存储器地址（可以更改）默认为 MB1，时钟储存器地址（可以更改）默认为 MB0（和 S7-300/400 系列保持一致），Portal 中的设置如图 5-7 所示。

将时钟储存器字节设置完成后，S7-1200/1500 系列 PLC 中会自动添加相关变量，而 S7-300/400 系列 PLC 中不会自动添加相关变量。在标准化程序中，根据前文描述的命名规则，统一将这些变量命名，见表 5-1。

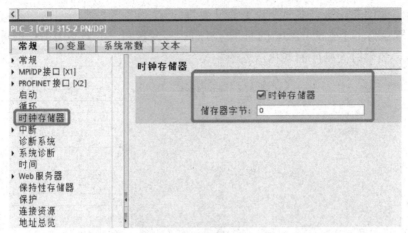

图 5-6　S7-300/400 时钟储存器设置示意图

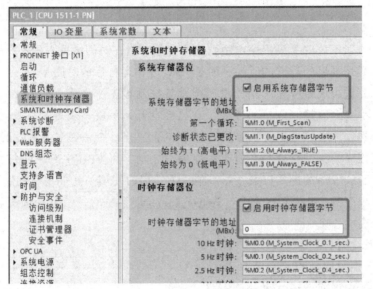

图 5-7　S7-1200/1500 时钟储存器设置示意图

表 5-1　时钟存储器变量表

序号	变量属性	S7-1200/1500 变量名称	数据类型	地址	S7-300/400 变量名称
1		M_Clock_Byte	Byte	%MB0	M_Clock_Byte
2		M_Clock_10Hz	Bool	%M0.0	M_Clock_10Hz
3		M_Clock_5Hz	Bool	%M0.1	M_Clock_5Hz
4		M_Clock_2.5Hz	Bool	%M0.2	M_Clock_2.5Hz
5	时钟储存器 字节变量	M_Clock_2Hz	Bool	%M0.3	M_Clock_2Hz
6		M_Clock_1.25Hz	Bool	%M0.4	M_Clock_1.25Hz
7		M_Clock_1.0Hz	Bool	%M0.5	M_Clock_1.0Hz
8		M_Clock_0.625Hz	Bool	%M0.6	M_Clock_0.625Hz
9		M_Clock_0.5Hz	Bool	%M0.7	M_Clock_0.5Hz

（续）

序号	变量属性	S7-1200/1500 变量名称	数据类型	地址	S7-300/400 变量名称
10		MB_System_Byte	Byte	%MB1	MB_System_Byte
11	系统储存器	M_FirstScan	Bool	%M1.0	M_FirstScan
12	字节变量	M_DiagStatusUpdate	Bool	%M1.1	M_Bit_01_01
13		M_AlwaysTRUE	Bool	%M1.2	M_AlwaysTRUE
14		M_AlwaysFALSE	Bool	%M1.3	M_AlwaysFALSE

需要说明的是，在 S7-1200/1500 系列 PLC 中，上述所有变量都会自动跟随 CPU 的状态而发生变化，而在 S7-300/400 系列 PLC 中只有时钟储存器字节会跟随 CPU 的状态而发生变化，系统储存器字节需要自己编程。

1. 系统及时钟储存器处理

图 5-8 所示为时钟存储器字节中变量的时序图，可以看到每一个布尔（Bool）变量都是一个固定周期占空比为 50% 的信号。从 M0.0 到 M0.7 对应的固定周期分别为 0.1s、0.2s、0.4s、0.5s、0.8s、1.0s、1.6s、2.0s。

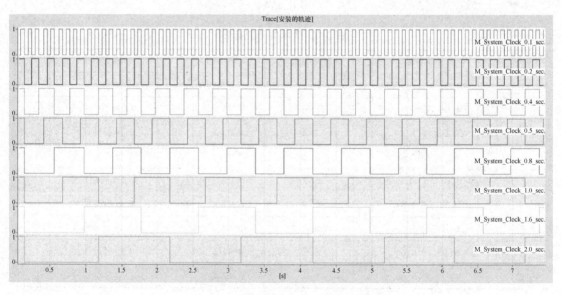

图 5-8　时钟储存器字节变量的时序图

在程序中建立一个 M 寄存器的字节（Byte）变量 MB_One-shots_Sysbits，地址为 MB2。每一个周期用当前时钟储存器字节与上一个周期的时钟储存器字节进行字节异或（XOR），将异或后的结果赋值给 MB_One-shots_Sysbits，这样处理后 MB2 中的各个位的变量就变成固定周期的脉冲信号，这些周期就是时钟储存器变量的当前时间与占空比的乘积，如图 5-9 所示。

如图 5-9 所示，处理后的 MB2 中的 7 个布尔变量都是脉冲信号，脉冲持续时间为一个周期。从 M2.0 到 M2.7 对应的脉冲周期分别为 0.05s、0.1s、0.2s、0.25s、0.4s、0.5s、0.8s、1.0s。表 5-2 为脉冲信号变量表。

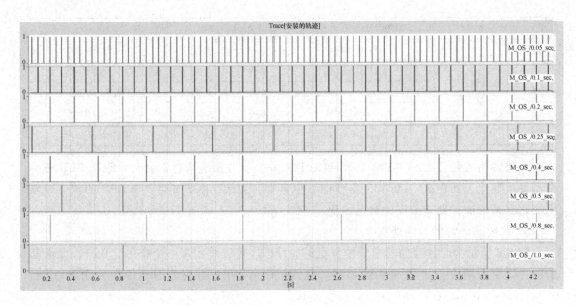

图 5-9　处理后的时钟存储器字节时序示意图

表 5-2　脉冲信号变量表

序号	变量名称	数据类型	地址	说　明
1	MB_One-shots_Sysbits	Byte	%MB2	脉冲字节
2	M_OS_/0.05_sec.	Bool	%M2.0	0.05s脉冲信号
3	M_OS_/0.1_sec.	Bool	%M2.1	0.1s脉冲信号
4	M_OS_/0.2_sec.	Bool	%M2.2	0.2s脉冲信号
5	M_OS_/0.25_sec.	Bool	%M2.3	0.25s脉冲信号
6	M_OS_/0.4_sec.	Bool	%M2.4	0.4s脉冲信号
7	M_OS_/0.5_sec.	Bool	%M2.5	0.5s脉冲信号
8	M_OS_/0.8_sec.	Bool	%M2.6	0.8s脉冲信号
9	M_OS_/1.0_sec.	Bool	%M2.7	1.0s脉冲信号

　　如此处理后，CPU 中就有 8 个不同周期（最小 50ms）的脉冲信号，在后续编程中就可以利用这些脉冲信号做定时、计数及其他需要脉冲功能的程序，即可以节省 CPU 中的定时器的数量，也可以根据自己的需要，写出一些特定功能的定时器程序。

　　由于有以上功能程序，则 CPU 的时钟存储器字节是必须启用的，所以为保证硬件组态中没有漏掉这个设置，在程序中也设置了提醒程序。

　　只要这个时钟存储器字节启动，就不会再丢失，所以程序中设置了硬件组态监视程序，如图 5-10 所示。该程序逻辑为在 5s 内若检测到任意的一个脉冲信号则表示组态正常，若在 5s 内没有检测到脉冲信号，则表示组态异常。若有异常，则程序停止 CPU，待组态重新更新后再启动 CPU，否则程序停止，CPU 失效。

```
IF NOT #s_TON_Paramenters.Time_Reach THEN//If timer no reach setpoint time
    GOTO AA01;//Then go to AA01 continue programm
ELSE
    STP();//Else stop CPU to confige the hardware
END_IF;
```

图 5-10　硬件组态监视程序示意图

2. 系统储存器字节

在 S7-1200/1500PLC 中，系统储存器字节会自己生成，在 S7-300/400PLC 中则需要根据 OB1 的接口变量系 OB1_SCAN_1 做相应的处理，这样才能产生 M_First_Scan 信号，关于接口说明请参考西门子 OB 的文档说明，根据文档说明就可以轻易地将该信号抓取出来。

5.3.2　日期及时间程序

在程序中利用读取本地时间指令 RD_LOC_T，将 CPU 当前的时间信息读取出来后并拆分为单独的年、月、日、小时、分钟、秒、毫秒以及星期数据保存在静态结构体变量 s_Date_Time 中。

同时，每一个循环周期将当前的数据分别保存在一个静态变量 s_Date_Time_Prev 中，这样每一个周期都循环比较这两个结构体中不同数据的值，只要值不一样，则置位一个标志位，用于表示一个新的年、月、日、小时、分钟、秒、毫秒以及星期等状态，图 5-11 所示为新的日期时间生成程序示意图。

```
//Year
IF #s_Date_Time_Prev.Year <> #s_Date_Time.Year THEN
    "M_OS_New_Year" := TRUE;
ELSE
    "M_OS_New_Year" := FALSE;
END_IF;
//Month
IF #s_Date_Time_Prev.Month <> #s_Date_Time.Month THEN
    "M_OS_New_Month" := TRUE;
ELSE
    "M_OS_New_Month" := FALSE;
END_IF;
//Day
IF #s_Date_Time_Prev.Day <> #s_Date_Time.Day THEN
    "M_OS_New_Day" := TRUE;
ELSE
    "M_OS_New_Day" := FALSE;
END_IF;
//Week
IF #s_Date_Time_Prev.Week_Day <> #s_Date_Time.Week_Day THEN
    "M_OS_New_Week" := TRUE;
ELSE
    "M_OS_New_Week" := FALSE;
END_IF;

//Hours
IF #s_Date_Time_Prev.Hour <> #s_Date_Time.Hour THEN
    "M_OS_New_Hour" := TRUE;
ELSE
    "M_OS_New_Hour" := FALSE;
END_IF;
//Minute
IF #s_Date_Time_Prev.Minute <> #s_Date_Time.Minute THEN
    "M_OS_New_Minute" := TRUE;
ELSE
    "M_OS_New_Minute" := FALSE;
END_IF;
//Second
IF #s_Date_Time_Prev.Second <> #s_Date_Time.Second THEN
    "M_OS_New_Second" := TRUE;
ELSE
    "M_OS_New_Second" := FALSE;
END_IF;
```

图 5-11　新的日期时间生成程序示意图

图 5-11 的程序中建立了几个不同时间的脉冲信号，比如 M_OS_New_Year，就是每隔一年产生一个脉冲信号，同时将当前日期信息也通过 M 变量引申出来，这样程序中除了上面的时钟脉冲信号以外，还多了年、月、日、小时、分钟、秒以及星期脉冲信号，同时还生成了当前日期信息数据。表 5-3 列出了时间日期相关变量。

表 5-3   日期时间相关变量表

序号	变量名称	数据类型	地址	说明
1	M_OS_New_Second	Bool	%M3.0	新的一秒信号
2	M_OS_New_Minute	Bool	%M3.1	新的一分钟信号
3	M_OS_New_Hour	Bool	%M3.2	新的一小时信号
4	M_OS_New_Day	Bool	%M3.3	新的一天信号
5	M_OS_New_Week	Bool	%M3.4	新的一周信号
6	M_OS_New_Month	Bool	%M3.5	新的一月信号
7	M_OS_New_Year	Bool	%M3.6	新的一年信号
11	MB_Date_Time_Month	USInt	%MB32	当前月
12	MB_Date_Time_Day	USInt	%MB33	当前日
13	MW_Date_Time_Year	UInt	%MW34	当前年
14	MB_Hour	Byte	%MB40	当前小时
15	MB_Minute	Byte	%MB41	当前分钟
16	MB_Second	Byte	%MB42	当前秒

在一些场合，比如说新的一天或者一周将某种数据清零或者发送到某些控制器，上述的相关变量就可以应用到实际程序中。

5.3.3   CPU 当前循环时间

S7-1200/1500 PLC 中可以使用读取当前 OB 信息指令 RD_SINFO 将 CPU 当前循环时间读取出来，S7-300/400 PLC 中则是在程序中利用每两次扫描的时间相减得到 CPU 当前循环时间。该时间被读取出来后，则赋值到一个 16 位整型 M 寄存器变量 MW_Prev_Cycle_Time，用于后续程序的逻辑算法处理。

5.3.4   Portal 中的处理

在 Portal 环境已经普及的现在，由于优化块的访问功能存在，程序中尽量不要使用非优化的地址，所以建议在 Portal 中建立一个自定义数据类型 UDT_CommonInformation，用于存储一些公共的变量和数据。这些数据和变量包括前文提到的时钟脉冲、当前时间、当前循环周期等，只是这些都是 DB 中实例化的变量。在实际程序中，只是将上述的 M 变量更改为 DB 变量，其他程序不用做任何更改，如图 5-12 所示。

5.3.5   小结

讲述至此，FB_System_Info 的程序功能才得以完成，该程序完成了 CPU 中的共用类时间变量的提取及处理，这些公共变量是所有数据处理的时间基准，便于被后续各种逻辑

UDT_CommonInformation

名称	数据类型	默认值	可从HMI/...	从H...	在HMI...	设定值	注释
FirstScan	Bool	false	✓	✓	✓	☐	第一次扫描
▼ DateAndTime	DTL	DTL#1970-01-0	✓	✓	✓	☐	当前日期和时间
■ YEAR	UInt	1970	✓	✓	✓	☐	
■ MONTH	USInt	1	✓	✓	✓	☐	
■ DAY	USInt	1	✓	✓	✓	☐	
■ WEEKDAY	USInt	5	✓	✓	✓	☐	
■ HOUR	USInt	0	✓	✓	✓	☐	
■ MINUTE	USInt	0	✓	✓	✓	☐	
■ SECOND	USInt	0	✓	✓	✓	☐	
■ NANOSECOND	UDInt	0	✓	✓	✓	☐	
▼ OS_InOneSecond	Struct		✓	✓	✓	☐	长度小于等于1秒的时间脉冲信号
■ OS_/0.05_sec.	Bool	false	✓	✓	✓	☐	
■ OS_/0.1_sec.	Bool	false	✓	✓	✓	☐	
■ OS_/0.2_sec.	Bool	false	✓	✓	✓	☐	
■ OS_/0.25_sec.	Bool	false	✓	✓	✓	☐	
■ OS_/0.4_sec.	Bool	false	✓	✓	✓	☐	
■ OS_/0.5_sec.	Bool	false	✓	✓	✓	☐	
■ OS_/0.8_sec.	Bool	false	✓	✓	✓	☐	
■ OS_/1.0_sec.	Bool	false	✓	✓	✓	☐	
▼ OS_MoreThanSecond	Struct		✓	✓	✓	☐	长度大于等于1秒的时间脉冲信号
■ OS_New_Second	Bool	false	✓	✓	✓	☐	
■ OS_New_Minute	Bool	false	✓	✓	✓	☐	
■ OS_New_Hour	Bool	false	✓	✓	✓	☐	
■ OS_New_Day	Bool	false	✓	✓	✓	☐	
■ OS_New_Week	Bool	false	✓	✓	✓	☐	
■ OS_New_Month	Bool	false	✓	✓	✓	☐	
■ OS_New_Year	Bool	false	✓	✓	✓	☐	
Time_Of_Day	Time_Of_Day	TOD#00:00:00	✓	✓	✓	☐	当天的时间
Prev_Cycle_Time	Int	0	✓	✓	✓	☐	当前OB01的循环时间
Date	Date	D#1990-01-01	✓	✓	✓	☐	当前日期
Date_Time_Month	USInt	0	✓	✓	✓	☐	当前月份
Date_Time_Day	USInt	0	✓	✓	✓	☐	当前天
Date_Time_Year	UInt	0	✓	✓	✓	☐	当前年
Hour	Byte	16#0	✓	✓	✓	☐	当前小时
Minute	Byte	16#0	✓	✓	✓	☐	当前分钟
Second	Byte	16#0	✓	✓	✓	☐	当前秒
Min_MSec	Int	0	✓	✓	✓	☐	当前毫秒
Hour_Sec	Int	0	✓	✓	✓	☐	
Day_Min	Int	0	✓	✓	✓	☐	

图 5-12　优化的块访问中的数据类型

使用。所以，在标准化程序中，FB_System_Info 是必须调用且放置在所有有效程序的最前面的。

第6章

控制柜程序的标准化

在第 2 章中清晰地描述了电气控制柜为设备提供的三个接口：电源接口、控制接口、安全接口。电气元器件的组合，得以让设备发挥它应有的能力。实际生产中，电气控制柜也是设备运行的先决条件，只有电气控制柜提供了满足设备条件的电源、控制信号、通信信号以及符合安全要求的保护设施后，现场设备才能按照既定逻辑，执行满足工艺要求的运行动作。

为了在程序中体现电气控制柜的上述属性，程序中设置了一个全局 DB，名字为 DB_IO_Ready。所谓的 Ready 就是准备好，IO 就是实际的硬件设备的 IO 信号，整体合并后的意思就是该设备满足运行的前提要求，即实际设备的 IO（包括电源、控制等）正常无故障，可以按照控制要求运行。IO_Ready 的数据结构为所有控制对象，每一个控制对象的数据类型为一个布尔型，如图 6-1 所示。

名称		数据类型	起始值	保持	从 HMI/OPC..	从 H..	在 HMI..	设定值	监控	注释
▼	Static									
■	UN01_EM01	Bool	false	☐	☑	☑	☑	☐		211原纸架
■	UN01_EM02	Bool	false	☐	☑	☑	☑	☐		221原纸架
■	UN01_EM03	Bool	false	☐	☑	☑	☑	☐		212原纸架
■	UN01_EM04	Bool	false	☐	☑	☑	☑	☐		222原纸架
■	UN01_EM05	Bool	false	☐	☑	☑	☑	☐		213原纸架
■	UN01_EM06	Bool	false	☐	☑	☑	☑	☐		223原纸架
■	UN01_EM07	Bool	false	☐	☑	☑	☑	☐		214原纸架
■	UN01_EM08	Bool	false	☐	☑	☑	☑	☐		224原纸架
■	UN05_EM01	Bool	false	☐	☑	☑	☑	☐		3A3半折出料输送带01
■	UN05_EM03	Bool	false	☐	☑	☑	☑	☐		3A8半折出料输送带02
■	UN05_EM05	Bool	false	☐	☑	☑	☑	☐		5A1半折出料输送带03
■	UN05_EM07	Bool	false	☐	☑	☑	☑	☐		4SD3&4SD13半折机构预压座
■	UN05_EM09	Bool	false	☐	☑	☑	☑	☐		4SD6&4SD16半折机构抬起表面抽纸
■	UN05_EM11	Bool	false	☐	☑	☑	☑	☐		插板气缸
■	UN05_EM13	Bool	false	☐	☑	☑	☑	☐		4SD4&4SD14&4SD5&4SD15半折机构插板
■	UN05_EM15	Bool	false	☐	☑	☑	☑	☐		4SD7&4SD17半折机构挡板
■	UN05_EM17	Bool	false	☐	☑	☑	☑	☐		4A9&4A91气体系统
■	UN05_EM19	Bool	false	☐	☑	☑	☑	☐		半折废料气缸

图 6-1　IO_Ready 示意图

IO_Ready 中的变量是设备运行的前提条件，就如电气控制柜的属性一样。只有信号有效（高电平）的状态下，设备才能按照收到的控制指令执行逻辑动作。所以，标准化程序中的每一种类型设备的控制程序，都会有一个相同的接口 i_IO_Ready，即代表该设备处于信号有效（允许运行）状态。若该信号无效，不但代表设备不允许运行，也意味着设备的所有故障信息不应该报告到状态管理器，实现故障信息的分级管理（IO_Available 的意义即是分级管理，详见 6.3 节）。控制程序的 IO_Ready 接口示意图，如图 6-2 所示。

在控制程序中，DB_IO_Available 中的变量会在函数 FC_IO_Ready 中按照电气设计的思路赋值，而电气设计的思路逻辑会通过 FB_CabManager_×××收集整理，并输出相应的控制接口。

本章将从电气设计思路逻辑、FB_CabManager_×××以及 FC_IO_Ready 三个方面进行阐述，将 IO_Ready 的最终面貌展现出来。

6.1　FB_CabManager_×××

FB_CabManager_×××中的 CabManager 意为 Cabinet Manager，即控制柜管理。一个设备

```
REGION 空气系统  UN05_EM17

   "IDB_UN05_EM17"(i_Identity := "Identity".UN05_EM17,
                   i_Control := #i_Control,
                   i_Parameters := "Parameters".UN05_EM17,
                   i_PrivateIndex := "1PosilSyncIndex",
                   i_IO_Ready:="IOReady".UN05_EM17,
                   i_FanDrive1SlavePresent := "DB_PNSlaveStates".PN_Slave_System[1].Slave_States[13].Slave_Not_Present,
                   i_FanDrive1SlaveError := "DB_PNSlaveStates".PN_Slave_System[1].Slave_States[13].Slave_Error,
                   i_FanDrive2SlavePresent := "DB_PNSlaveStates".PN_Slave_System[1].Slave_States[14].Slave_Not_Present,
                   i_FanDrive2laveError := "DB_PNSlaveStates".PN_Slave_System[1].Slave_States[14].Slave_Error,
                   i_HW_FanDrive1Addr := "4A9~PROFINET 接口~自由报文",
                   i_HW_FanDrive2Addr := "4A91~PROFINET 接口~自由报文",
                   o_SetVacuumFullOpen => "Q_UN05_EM17_SetVacuumFullOpen",
                   o_SetVacuumAheadOpen => "Q_UN05_EM17_SetVacuumAheadOpen",
                   o_ResetVacuumOpen => "Q_UN05_EM17_ResetVacuumOpen",
                   o_BlowingOpen => "Q_UN05_EM17_BlowingOpen",
                   io_Report := #io_Report,
                   io_UpSection := "Section".UN05_EM07,
                   io_DownSection := "Section".UN05_EM11,
                   io_Event := "Event".UN05_EM17,
                   io_HMIData := "HMIData".UN05_EM17);

END_REGION
```

图 6-2　控制程序的 IO_Ready 接口示意图

或者项目中可能存在多个控制柜，每一个控制柜的 ID 命名在 2.1.2 节中已经有描述，所以 FB 的名字中的×××即控制柜 ID。

比如 01 号中央控制柜的设备 ID 为 CCC01，则在程序中对应该控制柜的管理程序的 FB 的名字为 FB_CabManager_CCC01。

FB_CabManager_×××的主要用途是收集控制柜内的反馈信息，按照 2.3 节的描述，各种有必要的断路器和接触器等的反馈信号都会接入控制柜内的 IO 模块上，而且电源分组一般按照 8 的倍数来设置，即每一个控制柜里面的元器件以及信号反馈基本都是确定的。

按照面向对象编程思想，万事万物都是一个对象。所以，在程序中建立一个自定义数据类型作为中央控制柜在程序中的实例化类型，名字为 UDT_CabManager_CSDS。里面的数据结构就是中央控制柜中反馈到 IO 模块的各种信号的集合。

假设将电源分为 8 组，则该自定义数据类型的结构如图 6-3 所示。

UDT_CabManager							
名称	数据类型	默认值	从 HMI/OPC...	从 H...	在 HMI...	设定值	注释
UN01_PowerON	Bool	false	☑	☑	☑	☐	UN01的380V电源反馈信号
UN05_PowerON	Bool	false	☑	☑	☑	☐	UN05的380V电源反馈信号
UN01_24VOK	Bool	false	☑	☑	☑	☐	UN01的24V电源反馈信号
UN05_24VOK	Bool	false	☑	☑	☑	☐	UN05的24V电源反馈信号
UN01_RemotePowerOK	Bool	false	☑	☑	☑	☐	UN01的远程模块供电信号
UN05_RemotePowerOK	Bool	false	☑	☑	☑	☐	UN05的远程模块供电信号

图 6-3　控制柜数据类型结构示意图

从图 6-3 可以看到，控制柜数据结构就是实际控制柜内部电路设计思想的再现，里面包括了主电源供给的 400V 断路器、接触器信号以及可能的 230V 信号。其他信号组包括了主断路器、交换机断路器、DC 24V 断路器等所有控制柜内的接入 IO 模块的反馈信号，这些都是电气设计标准思路中，对控制系统起到关键作用的反馈信号。

若整个标准系统中所有的控制柜都能按照同样的思路设计，那程序中控制柜的数据定义就可以只有一个 UDT_CabManager，在这个数据结构中，只要把所有存在的控制柜信号都集中起来，不管控制柜是否都有这些信号，都可以使用同样一个数据结构。若不能如此集中设计，那在控制程序中可能就需要多个 UDT_CabManager_×××，用于标识不同控制柜的实际数据结构。

在上述结构中，所有的名字前面都有同一个 ER_标识，这个 ER_就代表着这是一个故障（Error），比如断路器断开、接触器吸合故障等。对于故障的程序处理都必须经现场确认，复位后才能将故障消除，所以在程序块中的程序逻辑如图 6-4 所示。

```
//故障复位
IF "M_C_Reset" AND NOT "Event".MainCabinet.UN05_PowerON AND #i_UN05_PowerON THEN
    "Event".MainCabinet.UN05_PowerON := TRUE;
END_IF;
//故障生成
IF NOT #i_UN05_PowerON AND "Event".MainCabinet.UN05_PowerON THEN
    "Event".MainCabinet.UN05_PowerON := FALSE;
END_IF;
```

图 6-4 控制柜故障程序示意图

图 6-4 的程序中，首先是故障复位程序，在收到复位指令 M_C_Reset 且故障存在的情况下，则将当前故障清除。若检测到故障反馈信号且当前没有故障存在，则将当前故障置位。复位程序在前，可以避免将当前周期的故障，在下一个周期体现的弊端。

其他故障的程序原理一样，只是将图 6-4 中的实际的 IO 信号和故障名称改变，这样依次编写程序，则控制柜内的所有接入 IO 模块的反馈信号的收集程序就完成了。

需要说明的是接触器反馈信号的收集，该信号在确认是否有故障的前提是影响该接触器的急停按钮均没有被按下，在这个前提下若接触器还没有吸合，才可以向系统报告接触器故障。

有的故障只会影响一部分设备的正常运行，比如 400V 的断路器跳闸，有的故障可能影响设备通信，比如交换机的 24V 电源故障，像这两类的故障只需要将故障报告至 PLC系统，同时停止受影响的设备和区域即可。

有的故障，比如火警故障或者三相相序改变（电动机方向改变）故障，对于整个控制系统的设备来说，不管是出于人员还是设备安全，都得立刻停止整个控制系统的运行，此时控制柜控制程序必须输出一个 Direct_Stop 指令给到控制指令系统，将整个控制系统或者对应的控制组的设备停止运行。

6.2 FC_IO_Ready

在实际设备中，某台设备能够使用的前提就是为其供电、连接控制等电缆，在程序中，我们已将这些反馈信号在控制柜程序中收集完成，所以在标准化程序中，我们需要将实际电气设计的链路在程序中体现出来，如图 6-5 所示。

由图 6-5 可知，设备 UN05_EM17 的 IO_Ready 为 TRUE 的前提是，控制柜中第一组400V 电源、第一组 230V 电源、第一组的接触器、主断路器、相序监视器以及交换机电源均没有故障出现，这个设备在控制程序中才有效。

```
REGION 示例
    "IOReady".UN05_EM17 := "Event".MainCabinet.UN05_PowerON AND
    "Event".MainCabinet.UN05_24VOK AND
    "Event".MainCabinet.UN05_RemotePowerOK;
END_REGION
```

图 6-5　IO_Ready 程序示意图

　　这只是一个示例，在实际的标准化控制系统中，依据实际的电气设计思路，再将这些故障信号在程序中串联起来，那么这个设备的有效的信号就得到体现了。

6.3　IO_Ready 的应用

　　在控制对象的程序中，IO_Ready 主要用于故障的分级管理。这些故障只有在 IO_Ready 信号有效的情况下，故障才能向控制系统报告，否则即使检测到故障信号，也不能将其在状态中体现。

　　当设备运行过程中，若该信号突然消失，那控制对象就要进入控制停止过程，直到所有故障解除为止。

第 7 章

控制对象的物理模型

PLC 程序在设备控制中主要体现四个方面的信息：

1）体现机械的工艺流程；

2）体现电气设计的思想，通过合理的程序逻辑将优异的电气思想体现出来；

3）体现信息流程工艺，这些信息流包括设备运行的当前信息以及产品的信息流；

4）体现控制思想。

这就是标准化程序的框架，也是程序的本质。正是因为有标准化思想的体现，才能有质和量的提高。

7.1 单个（组）控制对象的硬件组成

要实现工艺控制需求，对于任意的单个设备无外乎是由驱动机构（电动机等）、传感器（依据工艺配置）、测量仪表（比如编码器，水务的各种仪表）、本地控制柜、按钮面板（或 HMI 面板）等组成。有的单个（组）设备可能只是上述的一部分组成，也可能包括所有的部分，所以，不妨按照图 7-1 所示的示意图，分析单个（组）设备的组成部分。

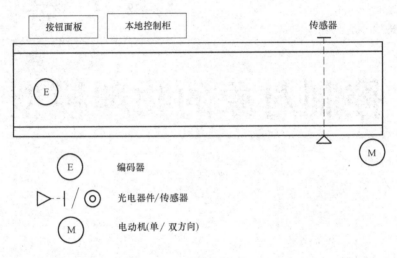

图 7-1 单个（组）设备组成示意图

1. 驱动机构

驱动机构主要是设备的执行元件，一般的执行元件是电动机或者气缸、液压缸等。对于驱动机构的属性，大致可以总结为电源类型为 3 相还是单项、是单向运动还是双向运动（单向阀还是双向阀）、驱动方式是变频（伺服）还是工频等。

2. 传感器

根据工艺的需求，每一个（组）设备上可以布置的传感器数量和种类都不一样，但不管多少种类，传感器的功能都可以大体分为两种类型：

1）功能类传感器：该类传感器具有控制调节功能，参与工艺流程的节奏控制，不同规律的变化能改变或者更新工艺流程的节奏或状态，比如参与 PID 调节的传感器，具有跟踪作用的光电开关等；

这类传感器依据功能不同在标准库中必须编写不同的功能块（FB）；

2）记录保护类传感器：该类传感器在工艺流程中只用于实现记录、保护等功能，只会影响工艺流程的进度却不会改变工艺流程的结果输出，比如提升机的极限位置保护开关，产品尺寸超限检测等传感器，这类传感器一般情况下不需要编写FB，只是作为单个控制对象的接口将信号引入程序即可。

3. 测量仪表

过程工业中仪表较多，常见的仪表用于监视过程中的状态和数据，根据数据状态控制驱动执行不同状态。这类仪表一般情况下不需要编写FB，只是作为单个控制对象的接口将信号引入程序即可。

离散工业中常见的测量仪表包括编码器、称重仪等影响工艺状态或流程的设备，这类仪表和功能类传感器一样，须依据功能不同在标准库中必须编写不同的FB。

4. 本地控制柜（可选）

根据设备的硬件组成，本地控制柜主要为单个设备提供电源以及通信连接等功能。对于一般的OEM设备，很可能没有本地控制柜，这些硬件接口都是来自主控制柜。对于大型设备或者项目，一个本地控制柜可能为某个范围内的多个设备提供硬件接口，也有小型化的本地控制柜形式，这类高度集成的电气设备一般也称为本地控制器，一台本地控制器对应一个设备。

本地控制柜的编程和主控制柜程序的标准化内容一致，柜内信号主要是设备运行的前提条件。

5. 按钮面板（或HMI面板）（可选）

该面板的操作只对该单个设备有作用。

生产过程中，经常有工艺设备需要人为干涉，比如产品在某个过程中需要人工抽检或其他人工操作。又比如关键工艺设备出现问题时候，需要人工将设备故障排除等。此时就需要设置按钮面板。

依据工艺和客户需求，按钮面板可以设置工艺按钮、手/自动切换按钮、相关状态指示灯或者三色灯等。

在设备组成中，有的工艺部件是由多台电动机共同组成，比如图7-2所示的部件，分别由M1执行升降功能，由M2执行输送功能。

对于该类的硬件组成的分析，除了像单个设备硬件一样以外，还需要注意以下两个方面：

1）两个电动机分别执行不同功能，但两个电动机都同属于一个部件。

2）传感器或者测量仪表需要分清楚归属，是属于整个部件功能还是属于某个电动机的功能；

通过上述描述，可以发现一个基本的控制对象设备组成可以归纳为表7-1。

在面向对象的编程方法中，以上两种设备都可以分别实例化为一个在程序框架中对应的FB。不同的是，单个对象中只有一个驱动机构，而单组对象中有两个或以上的驱动机构，同时单组对象中的其他部件分属不同级别的组件。

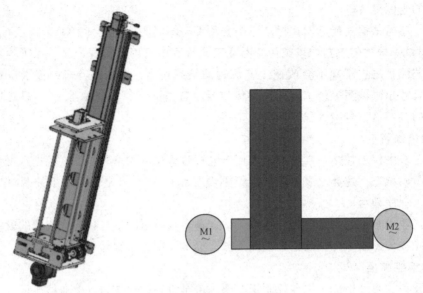

图 7-2　单组设备组成示意图

表 7-1　基本控制对象设备组成表

类型	名称	数量	属性	程序接口
驱动机构	电机/阀门	单个或者多个	电源要求 运动方向 驱动形式	IO 域
传感器	功能类	单个或者多个	依据工艺配置	IO 域
	记录保护	单个或者多个	依据工艺配置	IO 域
测量仪表	功能类	单个或者多个	依据工艺配置	IO 域
	记录保护	单个或者多个	依据工艺配置	IO 域
本地控制柜(可选)		依据工艺要求	依据工艺和实际项目配置	前提条件
按钮面板(可选)		依据工艺要求	依据工艺和实际项目配置	IO 域

　　其中，驱动机构是 FB 的输出引脚；按钮面板中的启停按钮是该设备的控制指令，其他的按钮（比如正反转和手自动）都是 FB 的输入引脚；本地控制柜的正常运行是该设备运行的前提条件，传感器和仪表等都是 FB 的输入引脚；

　　当我们把设备（项目）中所有类型的设备都分析出来之后，整个设备（项目）就相当于模块化了，即每一个设备（项目）都是不同设备类型按照模块的方式组合而成。

7.2　单个（组）控制对象的程序组成

　　上一节分析了单个（组）控制对象的硬件，这些硬件组成了单个（组）设备控制程序的 IO 域。程序在采集到外部 I 信号后，通过程序块的逻辑算法在合适的时间段输出正确的信号到 Q 域。IO 域的变化只是单个（组）控制对象的运行体现，单个（组）对象只有在合理的控制指令的控制下，在实际配置参数参与工艺运算后，将最终的状态反馈

（包括 Q 的变化以及其他状态）到 HMI，此时单个（组）对象的控制过程才是完整的。

1. 设备编码：ID

ID 的重要性在第 1 章中已经详细叙述，作为整个设备或者项目最基础的信息，单个设备的 ID 必须在程序中得到体现。

ID 信息主要是在信息流程中体现，比如某台设备向上位系统发送一个故障信息，那上位系统就是通过 ID 来定位实际设备的位置。

2. 控制指令：Control

单个（组）设备在所有硬件（机械和电气）都没有故障的情况下，要运转起来就必须得到相应的控制指令，否则设备就无法使能（Availible），实现工艺控制更无从谈起。

与指令下发对应的就是单个（组）设备的接收指令的反馈（Report），即系统下发的控制指令是否已经到达单个（组）设备，形成控制指令的闭环，确保指令下达的畅通无误，如图 7-3 所示。

图 7-3 基本控制对象控制指令示意图

3. 事件信息：Event

事件信息主要指设备的状态信息的反馈，包括设备的公共状态、私有状态两大类。

1）公共状态一般指设备的运行信息，包括设备是否启动、设备是否运行、设备是否有故障、设备是否有报警等。公共状态对应的是 ISA88 标准中定义的 Public Status。

2）私有状态主要是指设备的过程信息，比如电动机的具体故障、变频器的具体故障、传感器的具体故障以及一些报警信息等。这些私有状态按照影响程度，分为警告（Warning）和报警（Alarm）。

① Warning：告诉操作员有可能出现问题。通常这些问题不会立即影响生产，但是需要操作员立即确认或稍后确认。

② Alarms：机器出现严重问题，产生安全风险。

4. 参数：Parameter

单个（组）设备一定有一些固定的数据是在设计确定下来后就无法更改的，但这些数据在编写程序之前程序员往往无法得知，所以在程序中需要预留一个存储空间，用于这些数据的保存，这类数据称为参数：Parameter。

根据工艺需求，某些单个（组）设备有速度、长度、光电器件位置等固定参数；有些单个（组）设备有不同升降位置值、传动带长度值、传动速度值、每次升降的高度值等。8.3 节会将这些参数在程序中是如何体现的进行说明。

5. 性能：Performance

性能是指设备通过运行数据对实际运行指标的反映，包括设备综合效率（OEE）、设备运行时间统计、设备产量统计等。

6. 接口：Interface

在单个（组）控制对象的程序组成中，接口包括三个方面：

1）IO 接口：每一台设备都是机电综合体，所以在模块化编程时，IO 接口是实际硬件相互连接关系的体现。

2）UN/EM/CM 与 UN/EM/CM：在实际生产中不同工位之间存在产品移交、信息交互以及关联控制等数据的交互。

3）UN/EM/CM 与第三方设备（Third）：除了工位之间的数据传递过程，有的时候还可能存在与第三方设备的数据交互。比如一个输送线上架设的扫描系统，一个药剂设备上架设的灯检机系统等。

7.3 单个（组）控制对象的程序模型

通过前面两节的描述，可以得到单个（组）设备的控制程序的大致模型，如图 7-4 所示。

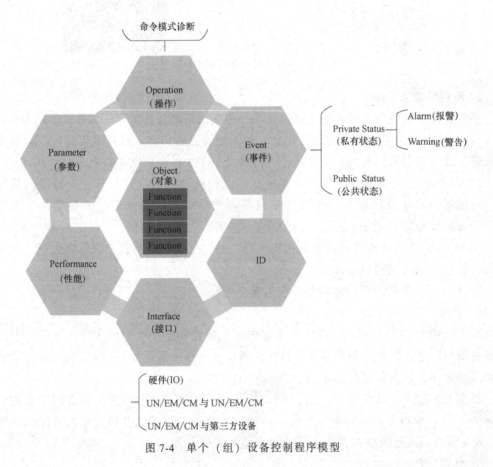

图 7-4 单个（组）设备控制程序模型

图 7-4 中，除了中间 Object 以外，其他的项目都是前两节描述的内容。Function 是指设备里面的功能，主要指 CM 层面的设备标准化。

这时让我们回到第 3 章"将大象装进冰箱"的例子，通过对客户需求的分析发现，大象进出冰箱和冰箱门的打开关闭的原理是一样的，都是正反两个方向的运动。那此时对于大象和冰箱的程序模型，里面都有一个正反转的 Function，所以得到了大象和冰箱对于正反转 Function 的定义，即表 3-4。此时再去看这个表，相信读者会有更深的理解。

根据程序框架图，我们可以将这些框架的内容分门别类，将这些数据事先定义在 FB 的接口中，见表 7-2。

表 7-2 单个（组）设备框架程序的接口定义表

内容	接口范畴	数据类型	备注
Control	In	Dword	
Report	InOut	Dword	
s_Parameter	In	自定义	依据设备属性自定义参数
s_Event	Out	自定义	依据设备属性自定义状态
s_Identity	In	自定义	
s_Performance	Out	自定义	
IO 域	按照实际映像区域	Bool	
Function	静态数据	FB/FC	

至于这些数据怎么定义，为什么数据类型是这样的，第 8 章将解答这些问题。

第8章

控制对象的程序模型

在上一章的结尾给出了基于设备物理模型提炼出来的一个对象化控制程序模型，为方便讲述，再次将其绘出如图 8-1 所示。我们应该怎么认识这个模型呢？

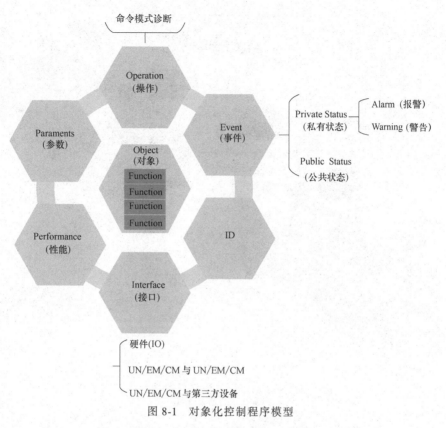

图 8-1 对象化控制程序模型

首先说明的是，Object（对象）在 ISA88 标准里的设备分层中可能是 UN，也可能是 EM 或 CM。当在一个系统中对这个对象编程的时候，除了工艺逻辑部分，其他数据的接口基本都是围绕着 Object 外围的 6 个要素的。

有人会说，PLC 编程不就是针对工艺流程的吗，为什么要讲这么多程序架构？这就是编程时"撸起袖子就干"的类型，等到客户或者工艺有了新要求或者新变化的时候才发觉程序没有架构的痛苦。这里所讨论的标准化架构，就是规范编程方式，让工程师专注于工艺理解，当把工艺理解透彻后，只要按照框架的方式在里面实现即可。本章在第 7 章所讲述的程序组成基础上，加入了 Object 的 Function 来进行讲述。

下面，通过一个工程师常见的一个虚拟的生产线编程来解析对象化模型编程的思想。

8.1 工艺概述

图 8-2 所示为某个生成线的一部分，物料由 UN01_EM01 进入，当物料到达 UN01_EM02 末端请求机器手（UN02）搬运，机器手（UN02）将物料搬运到 UN03_EM01 后由 UN03_EM02 进入后端工序。这是工艺的一部分，还有其他设备的物料也需要搬运到

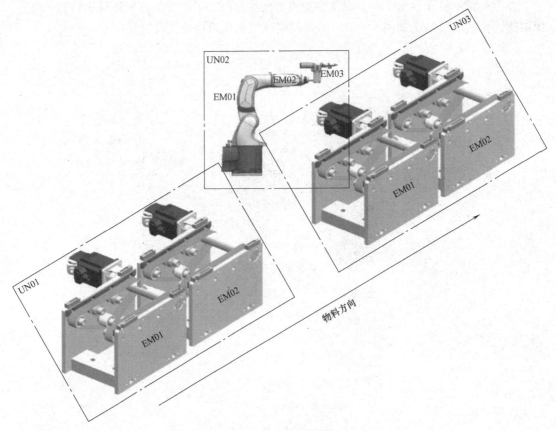

图 8-2　工艺概览图

UN03_EM01 上并流向下一个工序。

　　物料在系统输送转运过程中，需要向上位机系统表明该物料的关键路径信息，便于上位机系统对该物料的流向进行追踪。

　　图 8-2 的设备分组基于 ISA88 标准的设备分层原则，UN 指可以单独完成一种或多种功能的工序单元，和其他 UN 或是 EM（CM）组成完整的工艺线或者项目。一个 UN 可以由一台具体设备组成，也可以是多台设备的集合。一个 UN 包括一个及以上的设备或者智能设备，从分层角度看，即一个 UN 应包括一个及以上的 EM。

　　EM 是指具备一定功能的，可以配合其他设备或是部件，组成一个工序单元或者项目的设备。设备是各种元器件的载体，包括驱动机构（电动机、阀门等）、传感器等。从分层角度看，即一个 EM 根据需要可以包括一个或多个 CM，也可以不包括 CM。

　　图 8-1 的工序中，虽然主要展示的是输送功能，但很可能根据工艺需求的不同，一些输送设备是工频控制，一些是变频控制，甚至一些还有多段式速度控制。但标准框架程序不涉及这些内容，标准框架程序的目标是将 Object 周围的数据疏通并实现，便于工程师在这个框架内实现设备的工艺，并不需要关心其他程序的逻辑和位置。这样不管研发工程师也好，应用工程师也好，关注的重点就是工艺的过程和逻辑。

　　接下来的内容，就来讲述结合该工艺布局，如何在对象化模型程序中匹配并实现。

8.2 Operation 与 Event

控制指令的来源除了生产线的 SCADA/HMI，还可能来自本地控制柜或者操作面板，控制指令包括但不限于启动/停止命令以及模式切换指令，这些指令统称为 Operation（Command/Mode）。将图 8-2 用工艺架构图的形式表现出来，如图 8-3 所示。

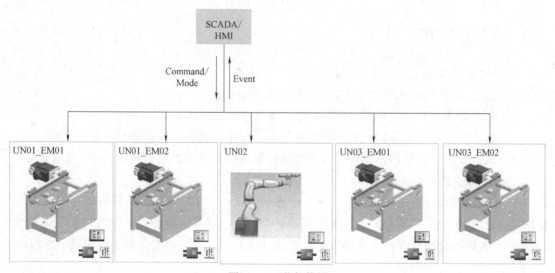

图 8-3　工艺架构图

对于一个系统来说，当有操作执行的时候，该操作的作用对象可能是整个生产线，也可能是某个（类）设备。不管对象是哪一个，这些操作指令肯定要向设备层面发送，请求设备层面的状态更新。

所以，对于任何需要控制的对象来说，操作指令是一个必需的部分，且在目前业界面向 CPG（Consumer Packaged Goods，消费性包装品）解决方案的架构⊖中，还多了一个操作的诊断信息，包括这些操作的名称、操作的结果、操作的时间以及反馈的信息等。

既然对生产线或者设备有操作指令，那设备有没有接收并按照操作执行，这些就是一个事件（Event）的反馈。这些反馈包括当前状态（Status）的反馈、报警（Alarm）和警告（Warning）的反馈等。即在整个架构程序中，Event 由 Status、Alarm 和 Warning 组成。

比如系统模式按钮由自动模式切换到手动模式，但生产线或者设备可能由于工艺要求，只有当前工艺执行完成后才能切换到手动模式。也有可能工艺对这些没有要求，比如一个传送带，在任何时候都允许切换到手动模式。所以，对于一个控制系统或设备来说，必然要将一些必要的状态和报警、警告信息反馈给工作人员，便于工作人员掌握设备本身状态以及当前生产系统运行状态。

⊖ 全称为 SIMATIC CPG Template。从事西门子 PLC 编程工作的人在习惯上将 CPG 的概念泛化为西门子实现 OMAC 规则的程序库，CPG 的模板将模式、状态管理和标准接口（PackTags）的 PackML 标准与 ISA88 Make2Pack 标准中的模块化概念和集成报警概念结合在一起，为符合 OMAC 标准的项目提供一个现成的解决方案。

在对象化模型编程中，应把 Event 整理为一个大类，使其囊括整个生产系统的生产和设备信息，这是和过程化编程方式的一个重要区别。

所以，对于一个控制系统来说，Operation（Command/Mode）和 Event（Status、Alarm、Warning）是必需的两个要素，没有这两个要素，就无法构成一个完整的对象化编程框架。和过程化编程的区别在于，作为工程师，你是愿意用一个模板免去这些程序，还是愿意每一次编程都自己重新规划实施。

8.3　Parameter

参数是保证设备运行和生产要素齐全的必要条件。

比如工艺图 8-2 中的输送机可能的设备参数就包括：

1）输送设备的速度设定，可能包括第一速度和第二速度；

2）输送设备的长度数据，这些数据可能用于设备节能的一些算法的依据；

3）输送设备上光电器件位置的堵塞时间的设置，若是将光电器件看成一个 CM 的话，可能还有更多的参数设定。

除了上述涉及设备运行的参数，每一个输送机或机器手可能还需要设置一些物料生产的参数。比如机器手抓取物料的速度、输送机上物料的前后间隔等。这些影响生产效率的必要参数可能不是所有控制对象都有，但大部分情况下，在影响生产效率的关键节点的设备和生产线上，都是需要的。

也有人说，这些参数在每一个设备的 FB 直接定义并使用就行了。但对象化模型编程的方式就是需要把这些功能做成通用块，在每一个需要的地方调用，通过 FB 的接口引入到相对应的背景数据块即可。

当然，这些都需要工程师对工艺以及对象的物理运行过程完全并正确地理解，这样才会使整个工艺和物理运行过程在程序中完整地再现，使程序的可靠性得到极大的提高。

所以，对于一个控制系统中的设备来说，不同参数根据设备工艺和运行效率，可以用不同的自定义数据类型（UDT）来表示。

8.4　Performance

Performance 可以看成在运行参数条件下设备实际性能的反馈数据。在面向 CPG 的解决方案架构中，Performance 最主要涉及的指标体现在 OEE（设备综合效率）。

OEE 的计算思路和方法不尽相同，其中的一种计算方法是由可用率、表现指数以及质量指数组成：

$$OEE = 可用率 \times 表现指数 \times 质量指数$$

式中：可用率=操作时间/计划工作时间，它用来评价停工所带来的损失，包括引起计划生产发生停工的任何事件，例如设备故障、原材料短缺以及生产方法的改变等；表现指数=理想周期时间/实际周期时间=理想周期时间/（操作时间/总产量）=（总产量/

操作时间)/生产速率；它用来评价生产速度上的损失。包括任何导致生产不能以最大速度运行的因素，例如设备的磨损、材料的不合格以及操作人员的失误等；质量指数 = 良品/总产量，它用来评价质量的损失，反映没有满足质量要求的产品（包括返工的产品）。

除了 OEE 以外，常见的性能反馈数据还有当前总的生产速度，比如上述工艺图中机器手每个小时的实际抓取工件的数量等。

8.5　ID

根据 8.1 节的工艺要求说明，物料在系统输送转运过程中，需要向上位机系统报告物料的关键路径信息，便于上位机系统对物料的流向的追踪。因此，物料以下的节点需要向上位机系统报告的信息有：物料的起点（UN01_EM01）、物料的等待点（UN01_EM02）、物料的接收点（UN03_EM01）以及物料的流向点（UN03_EM02）。

在向上位机系统发送信息的时候，只有将这些点的设备 ID 也加入到信息当中，上位机系统才能由此而得到物料的路径曲线。

所以，ID 也是一个控制对象中必需的要素。

除了上述工艺的要求以外，Event 中的信息也需要跟设备 ID 绑定，比如 UN01_EM01 的报警信息，否则根本无法定位报警发生的位置。

生产线产生的信息或者 Event 都具有时间标志戳，而 ID 就可以理解为位置标志戳，很明显，对于一个事实的描述，时间和位置信息都是必须要交代的要素，否则无法构成一个完整的事实描述。

8.6　Interface

物料传输接口示意图如图 8-4 所示。

图 8-4　物料传输接口示意图

1. UN（EM）与 UN（EM）的接口

物料在工艺布局上的传输过程中存在着 EM 之间的传递以及 EM 和 UN（UN 里面有 EM，但是作为一个整体）之间的传递。

物料在这些设备之间传递的过程涉及产品移交接口信号、产品附加的数据移交接口信号、控制请求接口信号三类。

前两种信号比较好理解，第三种控制请求接口信号是指，当物料从 UN01_EM01 向

UN01_EM02 传递的过程中，如果由于物料外形或者机械原因，导致物料一直卡在两台设备之间，当光电器件遮挡时间超过设置的允许时间后，为保证物料和设备的安全，EM01和 EM02 都必须停止运行。但是此时进行故障侦测的是 EM01 处的光电器件，也就意味着某些情况下，相互在一起的设备之间会发出一些控制请求。

还有，若 UN01_EM02 有故障或没有空余位置，此时 UN01_EM02 就要向 UN01_EM01发起一个请求暂时停止传递的控制指令，此时 UN01_EM01 的外在表现可能就是暂停。

当然，这些不是所有的情况，在此对象化模型的架构中，工程人员需要依据实际工艺和要求制定相应的接口信号，提高整个系统控制的便利性和可靠性。

2. UN（EM）与第三方设备的接口

若工艺布局中的机器手不是外购设备，那该设备就是整个生产线的一个部分，其 ID就可以按照 UN02 来定义。

若机器手是外购设备，其控制是独立的，那该设备就被认为是第三方设备，意味着该机器手的 ID 命名就不能是 UN02，而是其他有特殊含义的 ID。

与第三方设备的接口可能和 UN（EM）与 UN（EM）的接口逻辑相同，也有可能没有产品数据信号。比如向上位机系统报告物料的关键路径信息时，对于第三方机器手来说，就不需要产品附加数据的信号，它的任务只是负责搬运而已，并不是生产线上的关键节点。

常见的设备或者控制系统，一般都可能存在第三方设备的接口。比如物流行业里常用的安检机、扫码枪，医药设备中的质检机、灯检机，项目集成中的一些防火安全门、消防系统等。

3. IO 接口

IO 接口是一个设备基于工艺要求布置的一些传感器和驱动机构的信号，根据不同的工艺配置和要求设置相应的 IO 信号即可。

8.7 Function

不同工艺的底层设备组成其实类似，基本都是由不同传感器和执行器组成，也就是控制单元/元器件层，在 ISA88 标准的设备分层属于 CM。Function 就是这些 CM 的一些标准FB，任何的一个工艺程序的底层工艺均由这些 CM 的 FB 组成。比如数字量传感器的程序编程，还有常见的普通电机、阀门等的编程。

由于工艺设备或者项目的底层最终是由这些 CM 组成的，只要在这些 Function 之间建立一些必要的信号联锁和逻辑关系，CM 的 FB 编程就完成了。

CM 的功能也按照对象化的思路编程，目的是以后同样功能的 CM 的 FB 程序也可以在其他工艺设备中共享。

图 8-5 所示为 Function 的程序示例，其中 FB_CM_Motor2Dir 就在 5 个 EM 的模板程序（见框内）中有调用，这样既提高了程序的复用性，又减少了编程工作。当然，对于 CM层面的编程也会有较高的要求，那就是 CM 的程序要能覆盖整个设备的工艺要求，也就是本书多次强调的对于工艺的深入理解。

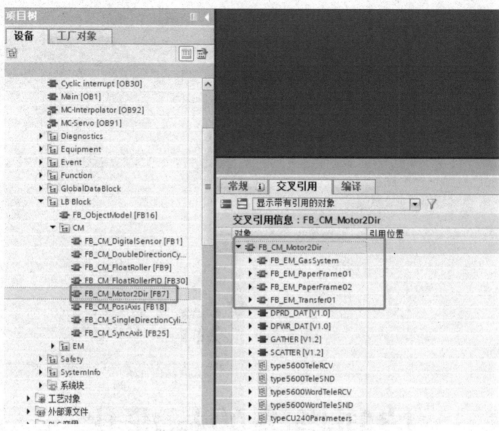

图 8-5 Function 的程序示例

第9章

控制指令的标准化

9.1 控制指令的来源

控制指令一般是指外部事物对于设备当前状态的干涉并改变当前状态的行为的总称，常见的控制指令来源有切换设备当前状态的启动、停止按钮，复位设备故障的复位按钮等，具体可分为下述两类。

1. 来自自身控制系统

自身控制系统的操作指令一般包括全局操作指令和局部操作指令，常用按钮来控制。

全局操作按钮的作用范围是整个控制系统中所有的设备，比如全局的停止按钮一旦按下，该指令意味着整个控制系统中的所有设备都要按照工艺要求由运动状态向静止状态转换。全局操作指令一般来自于人机交互界面（SCADA/HMI）以及主控制柜（主操作面板）上的操作按钮。

局部操作按钮的作用范围比较狭隘，主要是整个控制系统中某个或某些设备。比如有的随机抽检设备，当不需要抽检的时候该设备即可停止，保证设备及人身安全，而为该处设备设置的操作按钮的作用范围就仅限于抽检设备。

局部操作按钮一般依据系统工艺设计，除了一般的控制按钮外，还可能有一些工艺按钮。比如上述的抽检设备完成抽检行为后，被抽检的产品可能还需要再次释放到整个设备系统中，这时此处就需要增加一个具有释放功能的按钮；

2. 来自其他控制系统

第一种情形，其他控制系统的操作按钮影响局部设备。比如控制系统设备之间的接口处，出于保护设备和产品的需求，当下游设备突然被终止运动状态时（一般指直接停止，比如急停触发），上游设备也必须立即停止运行，否则很有可能损坏设备以及设备上的产品，如图9-1所示。

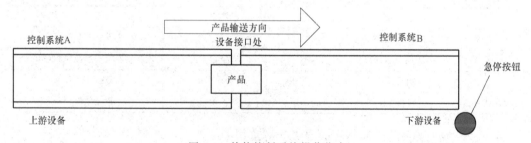

图 9-1　其他控制系统操作指令

当控制系统 B 中的下游设备的急停指令被突然触发，此时下游设备突然停止，若控制系统 A 中的上游设备还继续运行，则可能会：

1）若产品为刚性，可能将上游设备损坏；

2）若产品为非刚性，则可能损坏产品本身。

第二种情形，其他控制系统的操作按钮影响全局设备。比如整个工厂出现火灾，那工厂建筑的火灾报警系统为保证安全，可能会切断整个工厂的电源系统，但由于有的工艺设备若突然断电可能会发生二次灾害，所以大多数火灾报警系统一般会在切断整个工厂电源之前向工艺设备发出停止指令，使整个工艺设备由运行状态切换到停止状态。此时的控制指令是火灾报警系统发给控制系统的，一般为保证该指令的可靠性，指令采用干接点信号；

9.2 控制指令的组成

首先要说明，控制按钮和控制指令不是同一个概念。控制按钮是控制指令的操作源，但能否形成设备的控制指令，还跟设备的实际状态相关联。

比如，按下一个启动按钮，但设备的电源此时处于断开状态，那么控制程序此时实际上不能发出请求启动的信号，因为此时启动的先决条件不具备。

再比如，设备已经处于运行状态且无故障，此时再按下启动按钮，控制系统必须拒绝该指令请求，不能再次生成请求启动的信号。只有当设备中的某个部件或者项目中的某个设备由于故障停止了（系统已经启动），这种情况下再按下启动按钮，控制系统才能发出请求启动的信号，此时该信号应该被称为"再启动"。

另一个要说明的概念是状态反馈。是不是只要看到程序中的启动按钮被触发，程序中就会立即反馈"系统已经启动"？不，启动按钮被触发只是一个操作，设备或者系统实际上是否已经启动，只能根据实际状态在程序中予以反馈。比如，即使启动按钮已经被激活，但设备由于处在极限位置的状态下，依然没有启动，此时程序只能向操作员反馈故障停止的信息，即告知操作员"你的操作已经生效，但设备或系统由于故障导致无法启动"。这就是程序的状态反馈。

所以，操作按钮只是控制指令的产生条件之一，但二者之间并无一一对应的关系，参见表9-1。

表9-1 操作按钮对应的控制指令表

按钮名称	控制指令	前提条件	备注
启动	请求启动 Req_Start	已经停止且正常	设备开始启动
停止	请求停止 Req_Stop	已经启动且无故障	设备开始停止
复位	请求复位 Req_Reset	有故障产生	若故障消失则复位程序信号
急停	请求紧急停止 Req_Safety_Stop	安全保护	直接停止设备
火警或者其他	禁止使能 Req_Enable_Stop	无	禁止使能设备

接下来，我们必须将控制指令的层级弄清楚。

对于一个控制系统来说，首要满足的条件就是控制柜内的电源以及控制通信是正常的，否则即使给出控制指令，整个设备或系统要么没有电源而无法启动，要么就是由于通信链路断开使指令无法下达到具体设备。所以硬件设施的正常是控制指令给出的前提条件，是整个控制指令的最高层级别。

第二个层级就是上文描述的控制系统设置的全局控制按钮，当硬件设施正常情况下，全局操作指令对所有设备都有效。

第三个层级就是上文描述的控制系统设置的局部控制按钮，在上述两个级别控制指令都有效的情况下作用于局部设备。

要注意，在程序中对应的 High_Level 的控制指令的含义都是相对而言的，比如第二个层级的 High_Level 是第一个层级，第三个层级的 High_Level 是第二个层级，逐级向下传递。

不同层次控制指令关系图如图 9-2 所示。

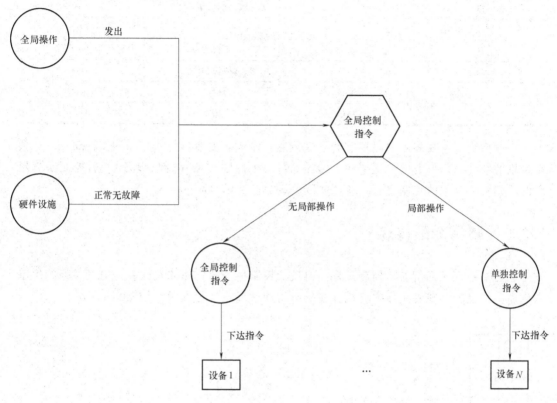

图 9-2　不同级别控制指令关系图

综合上述描述，控制程序中对应的控制接口为包含 32 位的数据结构的自定义数据类型，名字为 UDT_Control，该接口用于控制系统中控制指令的管理。换一种理解方式，也可以将控制指令当成一个对象，该对象的数据定义见表 9-2。

表 9-2　控制字 UDT_Control 结构表

状态编号	状态名称	名称含义	数据类型
1	Clearing	正在清除	Bool
2	Stopped	已经停止	Bool
3	Starting	正在启动	Bool
4	Idle	空闲	Bool
5	Suspended	已经暂停	Bool
6	Execute	执行	Bool
7	Stopping	正在停止	Bool
8	Aborting	正在异常终止	Bool

（续）

状态编号	状态名称	名称含义	数据类型
9	Aborted	已经异常终止	Bool
10	Holding	进入操作	Bool
11	Held	已操作	Bool
12	Unholding	正在释放	Bool
13	Suspending	正在暂停	Bool
14	Unsuspending	取消暂停	Bool
15	Resetting	复位中	Bool
16	Spare	预留	Word

控制指令对象在程序中以双字的形式传递，该双字被命名为 s_Control。s_Control 从最高级别的硬件开始由上而下逐层向下传递到每一个控制对象（现场设备）。若控制是分层级的，则各种级别的控制字可以按照实际分区命名为 s_Control_××。

9.3 控制指令的传递

任何控制程序都是实际控制过程的再现，控制指令的传递体现的就是电气设计的生态在程序中的重现。现将实际中可能存在的电气硬件形式进行说明，如图 9-3 所示。

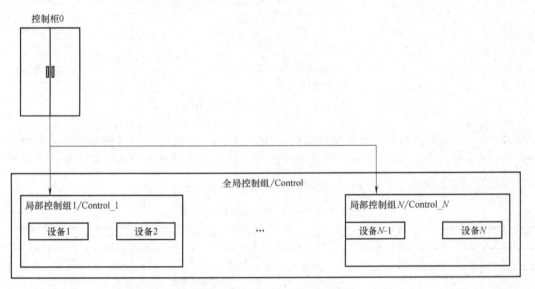

图 9-3 单一控制组、多个控制源

图 9-3 中，项目中所有设备共用同一个控制柜 0，整个项目中有一个全局控制组（可能是 SCADA/HMI 或者控制柜 0 上的面板）/Control，同时所有设备又按照不同组合有自己单独的局部控制操作组；

此方案中，控制柜 0 就是 High_Level 层级，全局控制组/Control 处于第二层级，Control_1 至 Control_N 则处于第三层级。

同时，Control_1 至 Control_N 都同时受第一层级和第二层级的影响。

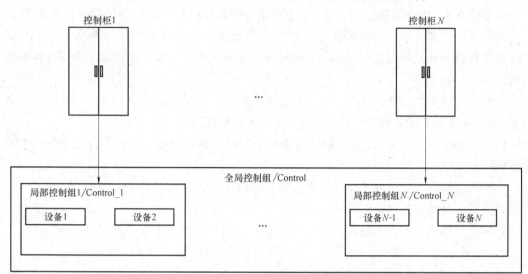

图 9-4　多个控制组、多个控制源

再来看图 9-4，项目中的设备按照不同分组拥有各自的控制柜，整个设备或项目中有一个全局操作组（可能是 SCADA/HMI 或者控制柜 0 上的面板）/Control，同时所有设备又按照不同组合有自己单独的局部控制操作组。

此方案中，各个控制柜分别是各组设备的 High_Level 层级，全局控制组/Control 处于第二层级，Control_1 至 Control_N 都是处于第三层级。

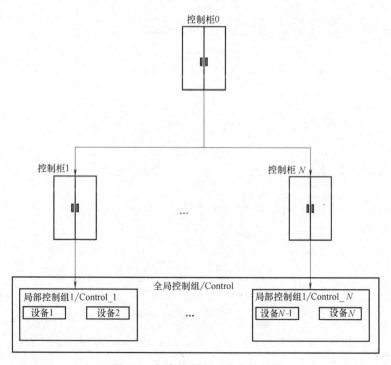

图 9-5　复合控制组、多个控制源

同时，Control_1 至 Control_N 都同时受第二层级以及各自 High_Level 的影响。

再看图 9-5，整个项目有一个中央控制柜 0，设备或项目中的设备按照不同分组拥有各自的控制柜且都由中央控制柜供电，整个项目中有一个全局操作组（可能是 SCADA/HMI 或者控制柜 0 上的面板）/Control，同时所有设备又按照不同组合有自己单独的局部控制组。

方案中控制柜 0 是最高层级，各个控制柜分别是各局部控制组的 High_Level 层级，全局控制/Control 处于第二层级，Control_1 至 Control_N 都是处于第三层级；

同时，Control_1 至 Control_N 都同时受第二层级、各自 High_Level 以及中央控制柜 0 的影响。

上述三种情况下的局部控制组是可选项，即依据工艺要求可以完全没有局部控制组，也可以只有部分局部控制组；

根据上述描述，若要实现标准化的控制指令，在 PLC 程序中就必须实现：

1）控制组别的管理；

2）全局控制组和局部控制组指令的分配组合。

在这个思路下，我们可以画出控制指令传递示意图，如图 9-6 所示。

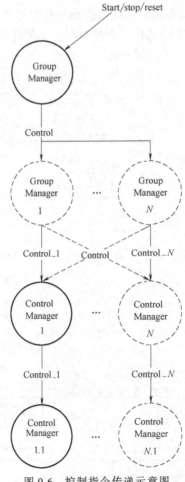

图 9-6　控制指令传递示意图

按照面向对象编程理念，控制指令即是按照电气设计思想，采用自上而下，通过系统管理器（Group/Control Manager）向下逐级下发到具体的设备层级，同时还可以依据工艺或客户需求，在不同层级设置控制指令，实现统一又分级的控制管理。

按照上文描述的几种电气设计方案的话，图9-6中的虚线部分都是可选项，图中的每一个 Group Manager 对应上文中的一个控制柜，Control Manage1 到 Control Manager$N$ 是处于第二层级的全局控制指令处理程序，Control Manager1.1 到 Control Manager$N$.1 则是上文描述的处于第三层级的局部控制指令处理程序。可见，设备处于哪个 Control Manager，就使用该层级的 Control 指令，所有的 Control 指令都是以双字形式由上而下逐层传递。

对于不同层级的设备，其控制指令是系统全局控制指令与局部（自身）控制指令的逻辑"或（OR）"运算的集合，如图9-7所示。

图 9-7 不同层级控制指令的融合

第 10 章

状态反馈的标准化

10.1 状态反馈的定义

上一章 9.2 节曾简要介绍了状态反馈的概念，表 9-2 中给出了一些控制指令的状态，通过控制指令可以使设备的状态发生改变。比如设备处于空闲（Idle）的时候，控制指令 start 就会请求设备进入运行过程，这类状态表达的是设备的当前运行状态。

设备在运行过程中还会有其他状态反馈，比如设备运行过程中是否有故障（Error）产生、设备运行过程中有没有相关设备或工艺的警告（Warning）信息，有没有因为其他因素造成的暂停（Halt，不需要重新启动）等。

设备当前的操作模式也是一种状态反馈，一般的设备模式都有自动（Auto）、手动（Manual）、离线（Off）、维修（Maintain）等。

还有就是安全类状态反馈，主要是由于急停触发而反馈的紧急停止状态，在标准化程序中定义为安全停止（Safety_Stop）状态。

在标准化程序中定义一个 32 位状态反馈字，命名为 UDT_Report，其数据详细定义见表 10-1。

表 10-1　状态（UDT_Report）接口表

UDT_Report				
类型	名称	数据类型	原始值	注释
操作状态	Auto	Bool	FALSE	控制对象处于自动运行模式
	Manual	Bool	FALSE	控制对象处于手动运行模式
	Off	Bool	FALSE	控制对象处于半自动运行模式
	Maintain	Bool	FALSE	控制对象处于维护运行模式
	Spare_0_4	Bool	FALSE	备用
	Spare_0_5	Bool	FALSE	备用
运行状态	Started	Bool	FALSE	控制对象处于已经启动
	Starting	Bool	FALSE	控制对象处于正在启动中
	Stopped	Bool	FALSE	控制对象处于已经停止(需要重启)
	Stopping	Bool	FALSE	控制对象处于正在停止中
	Halt	Bool	FALSE	控制对象处于暂停状态(不需要重启)
	Spare	Bool	FALSE	控制对象处于空闲状态(已经启动)
	Alarm	Bool	FALSE	控制对象出现报警(控制对象会停止)
	Warning	Bool	FALSE	控制对象出现警告(数据偏离正常范畴)
安全停止状态	Safety_Stop	Bool	FALSE	控制对象急停按钮被按下(安全保护类故障)
备用	Spare_1_7	Bool	FALSE	备用
	Spare_Word_2	Dword	DW#16#0	依据工艺或客户要求的状态定义

以上的状态定义可以满足一般控制对象的要求，但有的工艺或者客户有特定的要求，比如设备有没有通电也需要体现出来，那就可以在备用中定义一个。

设备的状态反馈表明设备的当前实际状态，在同一时间段可以存在多个不同的状态，整个控制系统可以使用其中恰当的状态向操作人员表明设备当前属性。

对于设备的模式切换，特别要注意由自动模式切换为其他模式的时候，有些设备或者工艺不允许直接切换，直接切换可能导致设备的损坏或危胁人员安全，比如一个正在高速运行的堆垛机。而有的设备或者工艺可以直接切换，比如一个运行中的传动带。因此，在编写程序的时候要先将其控制逻辑梳理清楚，如图 10-1 所示。

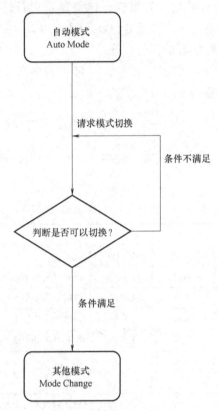

图 10-1　设备模式转换关系图

图 10-1 表达的意思是，在标准化的时候，一定要注意工艺需求。若是不能直接切换的设备或者工艺，必须在切换条件（设备和人员安全）满足的情况下，才能由自动模式转为其他模式；可以直接切换的设备或者工艺，则在收到请求模式切换的指令后可以直接由自动切换为其他模式。

设备由其他模式切换为自动模式的时候，一般都取决于人的主观判断，所以此时可以直接由其他模式切换为自动模式。极端情况下，也有由其他模式切换为自动模式的时候，需要由相关条件判断。

10.2　状态反馈的传递

对于单个控制对象的状态，从它自身的 Report 中可以直接明了地读取到，但对于整个 Group Manager 来说，它只要知道自身组里面"至少有一个对象"有某个状态体现，那管理器就可以向整个控制系统申明当前存在的状态。

以状态中的 Error 为例，如图 10-2 所示的 Manager，其初始状态是"0"，当下面某个组件（比如 EM02）出现 Error 的时候，EM02 的 Error 要和其他组件（EM01 和 EM03）的 Error 通过逻辑"或"的结果向 Manager 传递，否则 Manager 无法感知下面组件的实际状态，所以 Manager 应该向控制系统报告"至少有一个 Error"。

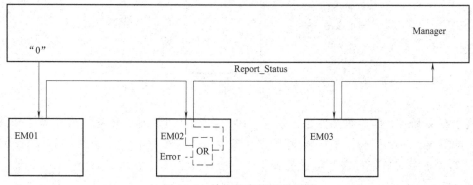

图 10-2　单个状态管理的原理

整个报告管理器（Report Manager）需要收集所有设备的所有状态的"或"集合，这样 Manager 就可以将当前所有设备的所有状态报告给整个控制系统，如图 10-3 所示。

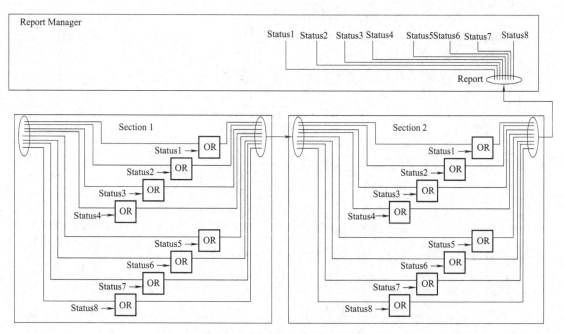

图 10-3　所有状态管理的原理

整个控制系统的所有设备都按照设计分成了不同的层级，上述的 Report Manager 对应的都是本层级的状态管理，当整个控制系统中有多个层级多个组别的时候，状态反馈采用自下而上的方式，最低层设备发生状态变化则立即将其反馈至上一层级，层层上报到最终的 Group Manager，实现状态变化的分级逐层管理。

以三组为例，每一个组按照上述方式收集好状态信息后，组和组之间的状态字通过逻辑"或"合并到最终的 Report Manager，如图 10-4 所示。

当所有设备状态逐层上报的各自组管理器，各组管理器又逐组合并，形成最终的整个控制系统的状态信息反馈。

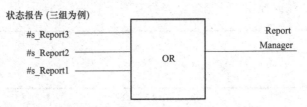

图 10-4　组和组之间状态字的融合

将所有层和组之间的状态传递放置到一起，如图 10-5 所示，读者可将这幅图和图 9-6 放在一起对比一下，同理，整个控制系统有多少个组，根据各自工艺文件和设计要求配置，即图 10-5 的虚线部分表示可选配置。

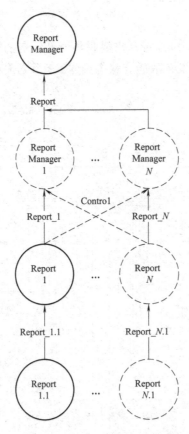

图 10-5　状态反馈传递示意图

对于状态来说，其体现的是现场所有设备状态的合集，不管是操作状态还是等待状态，原则都是一致的，状态改变的请求只是前提条件。

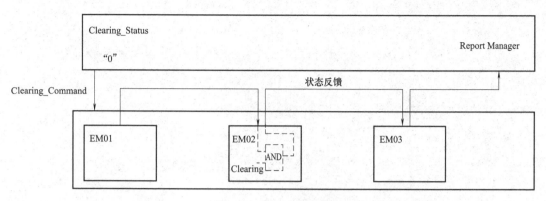

图 10-6　状态反馈逻辑

10.3　垂直接口的定义

通过前文的描述，我们可以看到控制指令和状态反馈在传递路径上都是上下传递，控制指令是从上到下逐层传递，而状态反馈是从下向上逐层收集。

如果把整个 PLC 当成一个管理器的话，所有控制指令和状态反馈最终都是通过这个管理器统一管理收集。应注意到，控制指令需要根据工艺和设计文件，按不同组别和层级来管理，如前文提到的 Group Manager 处也是要管理控制指令的，而状态收集只要逐层"或"集合后再全部集中到管理器，整个系统的状态收集就完成了。

所以，像这种犹如上下级关系一样的接口，统一定义为垂直接口（即 Control 和 Report），为的是有别于后续的设备接口的定义。

第11章

OMAC 模式和状态管理机制

OMAC 定义了一整套的模式和状态管理机制，本书所描述的标准化应用也是基于该管理机改进而来，标准化应用中的程序则是基于 CPG 中的程序块整理而来。所以，本章将主要描述 ISA88 标准中的模式和状态管理机的定义及其实现方式，下一章将描述基于该机制的改进思路。

11.1　ISA88 标准中定义的状态

在了解整个模式和状态管理前，我们需要先对 ISA88 标准中定义的状态和模式有个大致的了解，先来看状态。

1. 状态类型

为了便于理解，ISA88 标准中定义了两种设备状态类型：

1）操作状态（Acting State）：表示某些处理活动的状态，它意味着在有限的时间内，或直到达到特定的条件前，程序正在按逻辑顺序单次或重复执行处理步骤。

2）等待状态（Wait State）：用于标识机器已达到一组定义的条件的状态，在此期间，机器一直保持该种状态，直到被转换为其他工作状态。所以，这类状态也被称之为"最终"或"静止"状态。

2. 状态定义

ISA88 标准中在基本状态模型中定义了固定数量的状态，这些状态建立了一个可能的机器状态的示例枚举集，见表 11-1。

表 11-1　ISA88 标准中定义的状态结构

状态编号	状态名称	名称含义	操作状态	等待状态
1	Clearing	正在清除	√	
2	Stopped	已经停止		√
3	Starting	正在启动	√	
4	Idle	空闲		√
5	Suspended	已经暂停		√
6	Execute	执行	√	√
7	Stopping	正在停止	√	
8	Aborting	正在异常终止	√	
9	Aborted	已经异常终止		√
10	Holding	进入操作	√	
11	Held	已操作		√
12	Unholding	正在释放	√	
13	Suspending	正在暂停	√	
14	Unsuspending	取消暂停	√	
15	Resetting	复位中	√	
16	Completing	正在完成	√	
17	Complete	已经完成		√

需要说明的是，表 11-1 中的状态编号是程序中状态转换控制字的值，其中编号 17 的 Complete 不是 ISA88 标准中的定义，而是来自西门子的 CPG 架构的定义。对于实际的含义本章暂不展开分析，但是我们需要明白这些定义的状态的切换和传递方式。

3. 状态切换

ISA88 标准中定义的状态切换图如图 11-1 所示。状态的切换通过控制指令来实现，控制管理器通过判断当前状态的完成条件（SC）来让设备切换到下一个状态。

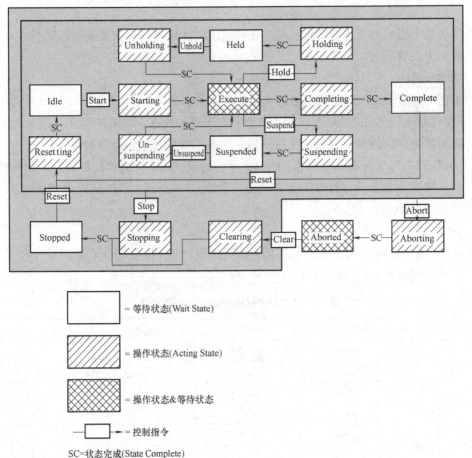

图 11-1　ISA88 标准中定义的状态切换图

ISA88 标准中基本控制指令模型中定义的控制指令的数量共包括 9 种，见图 11-1 中箭头上的方框标记，详细见表 11-2。

表 11-2　西门子 PackML 库中包含的控制指令表

指令编号	指令名称	名称含义	指令编号	指令名称	名称含义
0	Undefined	未定义	6	Suspend	暂停
1	Reset	重置	7	Unsuspend	取消暂停
2	Start	启动	8	Abort	异常终止
3	Stop	停止	9	Clear	消除
4	Hold	操作	10	Complete	完成
5	Unhold	释放			

注：Complete 命令不是标准的 ISA88 命令，西门子 PackML 库中包含此命令。

11.2　ISA88 标准中定义的模式

ISA88 标准模型中定义的控制模式见表 11-3，总共包括 32 种（28 种备用模式）。

表 11-3　ISA88 定义的模式结构表格

模式编号	模式名称	模式编号	模式名称
0	Invalid	3	Manual
1	Production	4~31	User Definable
2	Maintenance		

注：模式编号是程序中模式控制字的值。

ISA88 标准针对这些模式都给出了一些相应的说明：

1）Invalid：无效，表示该设备当前模式无效，无法对设备进行任何操作。

2）Production：生产模式或自动模式，代表用于日常生产的模式。机器执行相关的逻辑来响应指令，这些指令要么是由操作员直接输入的，要么是由另一个监控系统或者程序逻辑发出的。

3）Maintenance：维护模式，这种模式允许经过适当授权的人员独立于生产线上的其他机器运行单个机器。此模式通常用于查找故障、机器试验或测试操作改进。

4）Manual：手动模式，提供了对单个机器模组的直接控制。这一特性的可用性取决于所控制的机构的机械约束，可用于单个驱动器的调试、验证同步驱动器的运行、测试驱动器的调整参数等。

5）User Definable：用户定义模式。

ISA88 标准中还对每一种模式下能存在的状态都作了不同的划分，详细的可以参考文档 ISA TR88.00.02-2015，后文的 CPG 程序介绍种也有相应部分内容的介绍。同时，该文档里面也介绍了模式和状态的传递方式，而模式和状态的传递我们会在下文关于程序的部分中进行介绍。

为了能将这些模式和状态管理机制的应用结合得更好，作者基于 PackML 的模式和状态管理机制，在原有程序的基础上，做了很多既实用又很接近所谓的机器语言（Machine Language）的修改。同时，为了使本书体系保持完整性，在叙述模式和状态管理程序前，我们先把整个 CPG 框架程序的理念和思路进行描述。

11.3　CPG 程序设计理念

在一般的 PLC 编程中，普遍使用二进制表达结果。比如图 11-2 所示的气缸动作超时故障，一般在程序中定义一个 AR_Cylinder_TimeOut 的 Bool 类型的变量，当检测到故障信号的时候就将该信号置位传递到人机界面。

但 PackML 作为一种所谓的包装机器语言，里面更多信息的表达类似于普通生活中的语言表达，对于一个事件的描述一般至少包括时间、地点（设备名称）、事件内容。比如图 11-3 所示的一种，一个气缸检测到两个位置的报警的信息，里面包括了设备名称、事

Alarm

名称	数据类型	起始值	监视值	
▼ Static				
▶ Summation	"CPG_typeEventSummation"			
▼ Section01	"UDT_Cylinder_Private_Status"			
AR_Cylinder_TimeOut	Bool	false	TRUE	
AR_Double_Position	Bool	false	FALSE	
Spare_0_2	Bool	false	FALSE	
Spare_0_3	Bool	false	FALSE	
Spare_0_4	Bool	false	FALSE	

图 11-2 传统信息传递方式

CPG_Template_V15 ▶ PLC_2 [CPU 1511-1 PN] ▶ 程序块 ▶ GlobalData ▶ Warning [DB31611]

保持实际值 快照 将快照值复制到起始值中 将起始值加载为实际值

Warning

名称	数据类型	起始值	监视值	保持	可从HMI/...	从H...	...
▼ Static							
▼ Summation	"CPG_typeEventSu..."			☐	☑	☐	
CurrentEventRecord	Int	0	1		☑		
TotalEventRecord	Int	0	100		☑		
▼ sts_FirstOutEvent	"UDT_TypeEvent"				☑		
SectionNames	String[16]		'包装机气缸01'		☑		
Trigger	Bool	false	FALSE		☑		
EventID	DInt	0	6000		☑		
Value	DInt	0	0		☑		
Message	String[60]	''	'气缸检测到两个位置'		☑		
▶ DateTime	Struct				☑		
▶ DateTimeDTL	DTL	DTL#1970-01-0	DTL#2020-06-08-16:44:46.570403880		☑		
▶ AckDateTime	Struct				☑		
▶ AckDateTimeDT	DTL	DTL#1970-01-0	DTL#2020-06-08-16:44:53.428770430		☑		
▼ sts_FirstOutEventCa	Array[0..9] of "..."				☑		
▼ sts_FirstOutEve.	"UDT_TypeEvent"				☑		
SectionNa...	String[16]		'包装机气缸01'		☑		
Trigger	Bool	false	FALSE		☑		
EventID	DInt	0	6000		☑		
Value	DInt	0	0		☑		
Message	String[60]	''	'气缸检测到两个位置'		☑		
▶ DateTime	Struct				☑		
▶ DateTimeDTL	DTL	DTL#1970-01-0	DTL#2020-06-08-16:44:46.570403880		☑		
▶ AckDateTime	Struct				☑		
▶ AckDateTi...	DTL	DTL#1970-01-0	DTL#2020-06-08-16:44:53.428770430		☑		
▼ sts_FirstOutEve.	"UDT_TypeEvent"				☑		
SectionNa...	String[16]		'包装机气缸01'		☑		
Trigger	Bool	false	TRUE		☑		
EventID	DInt	0	6000		☑		
Value	DInt	0	1		☑		
Message	String[60]	''	'气缸检测到两个位置'		☑		
▶ DateTime	Struct				☑		
▶ DateTimeDTI	DTL	DTL#1970-01-0	DTL#2020-06-08-16:44:46.570403880		☑		
▶ AckDateTime	Struct				☑		
▶ AckDateTi...	DTL	DTL#1970-01-0	DTL#1970-01-01-00:00:00		☑		
▶ sts_FirstOutEve.	"UDT_TypeEvent"				☑		
▶ sts_FirstOutEve.	"UDT_TypeEvent"				☑		
▶ sts_FirstOutEve.	"UDT_TypeEvent"				☑		
▶ sts_FirstOutEve.	"UDT_TypeEvent"				☑		
▶ sts_FirstOutEve.	"UDT_TypeEvent"				☑		
▶ sts_FirstOutEve.	"UDT_TypeEvent"				☑		

图 11-3 PackML 信息传递方式

件的 ID、发生事件时候的实际值、事件的信息描述、发生事件的时间以及事件复位的时间。

图 11-3 是作者修改后程序的截图，标准的 CPG 的结构跟这里一样，但阅读性没有这

么好，后续的关于事件（Event）的篇幅（第13章）中会阐述。

整个 CPG 架构都如图 11-3 所示的风格，信息的表达更丰富也更具体。

CPG 架构大致可以分成两个部分来阅读。第一部分就是模式和状态管理机制，主要是规范了一个程序架构中控制指令和状态的管理；第二部分就是设备事件的分类和管理，主要将设备事件分为 Alarm（即出现 Error）、Warning 以及 Status。

11.4　CPG 模式和状态管理程序解析

在 CPG 架构中，模式和状态程序块名称为 LPMLV30_UnitModeStateManager（FB30100），该 FB 位于 SupportingBlocks 组下的 LPMLV30_Blocks 组别中，如图 11-4 所示。

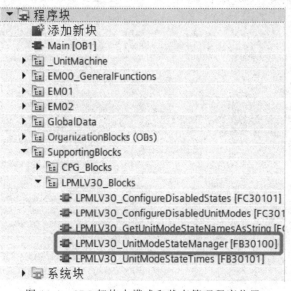

图 11-4　CPG 架构中模式和状态管理程序位置

图 11-5 所示为模式状态管理程序注释说明。从该 FB 中的注释可以看到，其功能就是基于 ISA TR88.00.02-2015 中定义的相关规则，实现 Unit 模式和状态的管理，即 11.1 节中描述的那些状态和模式的实现。

```
//=============================================================================
// SIEMENS AG
// (c)Copyright 2015 All Rights Reserved
//-----------------------------------------------------------------------------
// Library: LPMLV30
// Tested with: S7-1200 with FW version V4.1, S7-1500 with FW version V1.7
// Engineering: TIA Portal V13 SP1
// Restrictions: ---
// Requirements: S7-1200 / S7-1500
// Functionality: Management of unit modes and states according to ISA TR88.00.02 - June 4, 2014
//-----------------------------------------------------------------------------
// Change log table:
// Version  Date        Expert in charge     Changes applied
// 03.00.01 29.05.2015  RK                   First released version
//=============================================================================
// Function block: LPMLV30_UnitModeStateManager
//=============================================================================
```

图 11-5　模式状态管理程序注释说明

1. 参数设置

按照前文描述的模式和状态机制，CPG 程序中分别用一个 Dint 的数据类型来传递模式和状态，而不同的用户中可能需要有不同的模式和状态设置，所以在该 FB 有一个名为 configuration 的输入引脚，该引脚的数据类型为 typeLPMLV30_Configuration，其数据结构包括 disabledUnitModes 和 disabledStatesInUnitModes 两个变量组，详细结构如图 11-6 所示。

typeLPMLV30_Configuration			typeLPMLV30_Configuration		
名称	数据类型	默认值	名称	数据类型	默认值
▼ disabledUnitModes	Array[0.."L..		▶ disabledUnitModes	Array[0.."L..	
▪ disabledUnitModes[0]	Bool	false	▼ disabledStatesInUnitModes	Arr...	
▪ disabledUnitModes[1]	Bool	false	▪ disabledStatesInUnitModes[0]	DInt	0
▪ disabledUnitModes[2]	Bool	false	▪ disabledStatesInUnitModes[1]	DInt	0
▪ disabledUnitModes[3]	Bool	false	▪ disabledStatesInUnitModes[2]	DInt	0
▪ disabledUnitModes[4]	Bool	false	▪ disabledStatesInUnitModes[3]	DInt	0
▪ disabledUnitModes[5]	Bool	false	▪ disabledStatesInUnitModes[4]	DInt	0
▪ disabledUnitModes[6]	Bool	false	▪ disabledStatesInUnitModes[5]	DInt	0
▪ disabledUnitModes[7]	Bool	false	▪ disabledStatesInUnitModes[6]	DInt	0
▪ disabledUnitModes[8]	Bool	false	▪ disabledStatesInUnitModes[7]	DInt	0
▪ disabledUnitModes[9]	Bool	false	▪ disabledStatesInUnitModes[8]	DInt	0
▪ disabledUnitModes[10]	Bool	false	▪ disabledStatesInUnitModes[9]	DInt	0
▪ disabledUnitModes[11]	Bool	false	▪ disabledStatesInUnitModes[10]	DInt	0
▪ disabledUnitModes[12]	Bool	true	▪ disabledStatesInUnitModes[11]	DInt	0
▪ disabledUnitModes[13]	Bool	true	▪ disabledStatesInUnitModes[12]	DInt	0
▪ disabledUnitModes[14]	Bool	true	▪ disabledStatesInUnitModes[13]	DInt	0
▪ disabledUnitModes[15]	Bool	true	▪ disabledStatesInUnitModes[14]	DInt	0
▪ disabledUnitModes[16]	Bool	true	▪ disabledStatesInUnitModes[15]	DInt	0
▪ disabledUnitModes[17]	Bool	true	▪ disabledStatesInUnitModes[16]	DInt	0
▪ disabledUnitModes[18]	Bool	true	▪ disabledStatesInUnitModes[17]	DInt	0
▪ disabledUnitModes[19]	Bool	true	▪ disabledStatesInUnitModes[18]	DInt	0
▪ disabledUnitModes[20]	Bool	true	▪ disabledStatesInUnitModes[19]	DInt	0
▪ disabledUnitModes[21]	Bool	true	▪ disabledStatesInUnitModes[20]	DInt	0
▪ disabledUnitModes[22]	Bool	true	▪ disabledStatesInUnitModes[21]	DInt	0
▪ disabledUnitModes[23]	Bool	true	▪ disabledStatesInUnitModes[22]	DInt	0
▪ disabledUnitModes[24]	Bool	true	▪ disabledStatesInUnitModes[23]	DInt	0
▪ disabledUnitModes[25]	Bool	true	▪ disabledStatesInUnitModes[24]	DInt	0
▪ disabledUnitModes[26]	Bool	true	▪ disabledStatesInUnitModes[25]	DInt	0
▪ disabledUnitModes[27]	Bool	true	▪ disabledStatesInUnitModes[26]	DInt	0
▪ disabledUnitModes[28]	Bool	true	▪ disabledStatesInUnitModes[27]	DInt	0
▪ disabledUnitModes[29]	Bool	true	▪ disabledStatesInUnitModes[28]	DInt	0
▪ disabledUnitModes[30]	Bool	true	▪ disabledStatesInUnitModes[29]	DInt	0
▪ disabledUnitModes[31]	Bool	true	▪ disabledStatesInUnitModes[30]	DInt	0
▶ disabledStatesInUnitModes	Array[0.."L..		▪ disabledStatesInUnitModes[31]	DInt	0

图 11-6　typeLPMLV30_Configuration 数据结构

1）disabledUnitModes 为一个包含 32 个 Bool 变量的数组结构，0~31 分别对应表 11-3 中 ISA88 标准定义的模式结构。在 CPG 中，除了［0］（Invaild）、［1］（Production）、［2］（Maintenance）、［3］（Manual）外，默认启用了 8 个（数组［4］~［11］）用户自定义模式，其他用户自定义模式（数组［12］~［31］）都默认禁止。

2）disabledStatesInUnitModes 为一个包含 32 个 Dint 变量的数组结构，每一个数组对应表 11-3 中的 32 种模式，而每一个 Dint 变量中的 32 个位对应的是每一种模式下的状态的集合。比如 disabledStatesInUnitModes［1］对应的是 Production 模式（Production 模式的 Dint 值为 1），若 disabledStatesInUnitModes［1］中所有的二进制都为 1，则表示所有状态在该模式下都是禁止的。

根据表 11-1，整个 CPG 中定义了 17 种状态，而 CPG 中的模式定义了 3 种模式，而每一种模式下存在的状态是不一样的，我们来看图 11-7，在 CPG 程序中的主程序（Main 中的程序段 3）中为每一个已定义的模式分配了相应的状态。

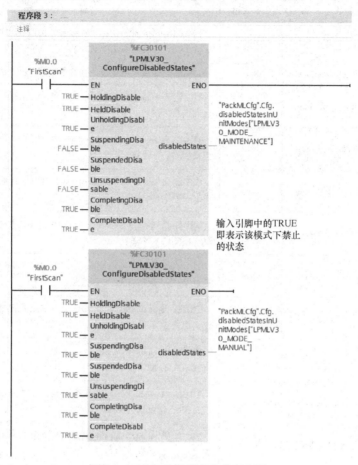

图 11-7 已定义模式中的状态分配

函数 LPMLV30_ConfigureDisabledStates 主要功能就是根据所定义状态的位置，在输出值 Dint 数据类型中相应的位置根据输入定义的值而赋值。比如图 11-7 中的第一个引脚 HoldingDisable 若为 TRUE，则在输出的数据中的第 10（表 11-1 中 Holding 编号为 10）个位则置为 TRUE，其他同理。

由图 11-7 也可以看出 Production 模式中包括了所有的状态（无禁止程序），Maintenance 模式中有 5 种状态（Holding、Held、Unholding、Completing 和 Complete）是没有的，而 Manual 模式中有 8 种模式（Holding、Held、Unholding、Suspending、Suspended、Unsuspending、Completing、Complete）是没有的，这些和 ISA88 指南中定义的是一致的。

2. 模式改变的方法

与模式改变相关的主要输入（Input）引脚参数见表 11-4。

模式改变有两种方法：

1）改变 UnitMode 的值：编号 0~31 表示的模式在表 11-3 中已经定义好。只有 UnitModeChangeRequest 为 TRUE 且 enableBooleanInterface 为 FALSE 的情况下，改变 UnitMode 的值才有效。

表 11-4　与模式改变相关的主要输入（Input）参数表

序号	参数	数据类型	描　述
1	UnitMode	Dint	当 enableBooleanInterface 为 FALSE 的时候当前的模式字值（默认：LPMLV30_MODE_INVALID）
2	enableBooleanInterface	Bool	TRUE：允许布尔型变量改变当前模式（默认：FALSE）
3	UnitModeChangeRequest	Bool	TRUE：当 enableBooleanInterface 为 FALSE 的时候请求改变模式（默认：FALSE）
4	ProductionModeRequest	Bool	TRUE：当 enableBooleanInterface 为 TRUE 的时候请求改为生产模式（默认：FALSE）
5	MaintenanceModeRequest	Bool	TRUE：当 enableBooleanInterface 为 TRUE 的时候请求改为维护模式（默认：FALSE）
6	ManualModeRequest	Bool	TRUE：当 enableBooleanInterface 为 TRUE 的时候请求改为手动模式（默认：FALSE）
7	UserMode01Request	Bool	TRUE：当 enableBooleanInterface 为 TRUE 的时候请求改为用户定义模式1（默认：FALSE）
8	UserMode02Request	Bool	TRUE：当 enableBooleanInterface 为 TRUE 的时候请求改为用户定义模式2（默认：FALSE）
9	UserMode03Request	Bool	TRUE：当 enableBooleanInterface 为 TRUE 的时候请求改为用户定义模式3（默认：FALSE）
10	UserMode04Request	Bool	TRUE：当 enableBooleanInterface 为 TRUE 的时候请求改为用户定义模式4（默认：FALSE）
11	UserMode05Request	Bool	TRUE：当 enableBooleanInterface 为 TRUE 的时候请求改为用户定义模式5（默认：FALSE）
12	UserMode06Request	Bool	TRUE：当 enableBooleanInterface 为 TRUE 的时候请求改为用户定义模式6（默认：FALSE）
13	UserMode07Request	Bool	TRUE：当 enableBooleanInterface 为 TRUE 的时候请求改为用户定义模式7（默认：FALSE）
14	UserMode08Request	Bool	TRUE：当 enableBooleanInterface 为 TRUE 的时候请求改为用户定义模式8（默认：FALSE）

2）改变单个模式变量：当且仅当 enableBooleanInterface 值为 TRUE 的时候，编号 4~14 中的变量变为 TRUE 则当前模式即会更改为相应的模式。

所有可以生效的模式都是没有禁止的模式。

3. 状态改变的方法

与状态改变相关的主要输入（Input）引脚参数见表 11-5。

状态改变有两种方法：

1）改变 CntrlCmd 的值：编号 0~10 分别对应表 11-2 中定义的控制指令。只有 CmdChangeRequest 为 TRUE 且 enableBooleanInterface 为 FALSE 的情况下，改变 CntrlCmd 的值才有效。

表 11-5　与状态改变相关的主要输入（Input）参数表

序号	参数	数据类型	描　述
1	CntrlCmd	Dint	当 enableBooleanInterface 为 FALSE 的时候当前的控制字值（默认：LPMLV30_CMD_UNDEFINED）
2	CmdChangeRequest	Bool	TRUE：当 enableBooleanInterface 为 FALSE 的时候请求改变控制指令（默认：FALSE）
3	enableBooleanInterface	Bool	TRUE：允许布尔型变量改变控制指令（默认：FALSE）
4	ResetCmdRequest	Bool	TRUE：当 enableBooleanInterface 为 TRUE 的时候复位控制请求（默认：FALSE）
5	StartCmdRequest	Bool	TRUE：当 enableBooleanInterface 为 TRUE 的时候启动控制请求（默认：FALSE）
6	StopCmdRequest	Bool	TRUE：当 enableBooleanInterface 为 TRUE 的时候停止控制请求（默认：FALSE）
7	HoldCmdRequest	Bool	TRUE：当 enableBooleanInterface 为 TRUE 的时候进入操作控制请求（默认：FALSE）
8	UnholdCmdRequest	Bool	TRUE：当 enableBooleanInterface 为 TRUE 的时候释放控制请求（默认：FALSE）
9	SuspendCmdRequest	Bool	TRUE：当 enableBooleanInterface 为 TRUE 的时候暂停控制请求（默认：FALSE）
10	UnsuspendCmdRequest	Bool	TRUE：当 enableBooleanInterface 为 TRUE 的时候暂停释放控制请求（默认：FALSE）
11	AbortCmdRequest	Bool	TRUE：当 enableBooleanInterface 为 TRUE 的时候异常终止控制请求（默认：FALSE）
12	ClearCmdRequest	Bool	TRUE：当 enableBooleanInterface 为 TRUE 的时候清除控制请求（默认：FALSE）
13	CompleteCmdRequest	Bool	TRUE：当 enableBooleanInterface 为 TRUE 的时候完成控制请求（默认：FALSE）
14	SC	Bool	TRUE：当 enableBooleanInterface 为 TRUE 的时候状态转换控制请求（默认：FALSE）

注：表中的 enableBooleanInterface 和表 11-4 中的为同一个 Input 引脚。

2）改变单个控制指令：当且仅当 enableBooleanInterface 值为 TRUE 的时候，编号 4~14 中的变量变为 TRUE，则会请求相应的状态的改变。

注意，只有等待状态（Wait）的改变不需要 SC（State Complete）的反馈，而操作状态（Acting）只有在 SC 反馈值为 TRUE 的时候才会改变。

所有可以改变的状态都是该模式下没有禁止的。

4. 模式状态信息

对于模式和状态的变化，LPMLV30_UnitModeStateManager（FB30100）提供了一个诊断输出接口 diagnostics，其数据类型为 typeLPMLV30_Diagnostics，其结构如图 11-8 所示。

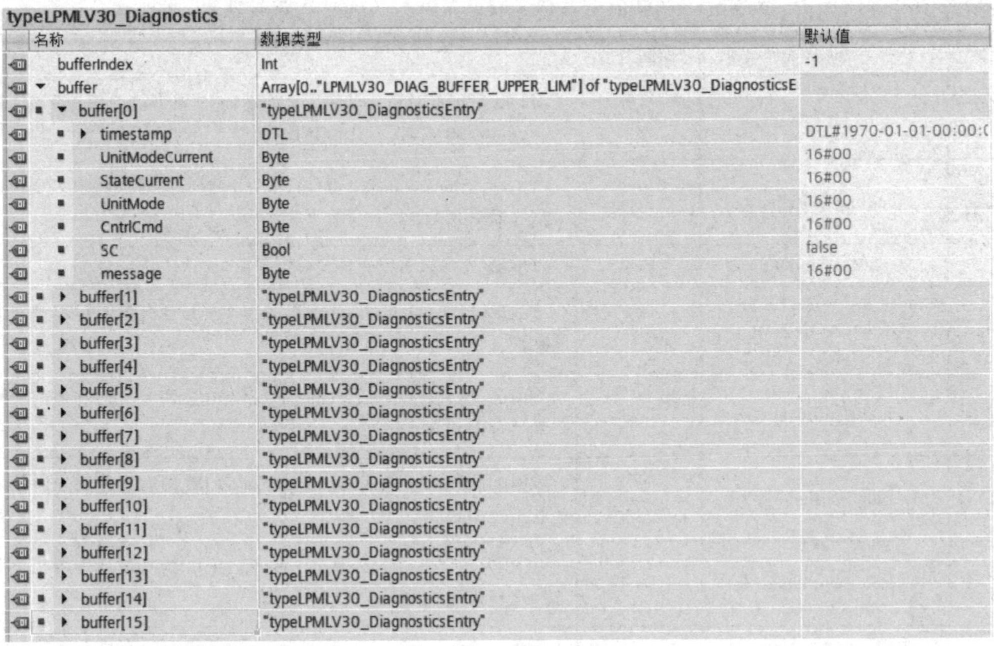

typeLPMLV30_Diagnostics

名称	数据类型	默认值
bufferIndex	Int	-1
buffer	Array[0.."LPMLV30_DIAG_BUFFER_UPPER_LIM"] of "typeLPMLV30_DiagnosticsE	
buffer[0]	"typeLPMLV30_DiagnosticsEntry"	
timestamp	DTL	DTL#1970-01-01-00:00:(
UnitModeCurrent	Byte	16#00
StateCurrent	Byte	16#00
UnitMode	Byte	16#00
CntrlCmd	Byte	16#00
SC	Bool	false
message	Byte	16#00
buffer[1]	"typeLPMLV30_DiagnosticsEntry"	
buffer[2]	"typeLPMLV30_DiagnosticsEntry"	
buffer[3]	"typeLPMLV30_DiagnosticsEntry"	
buffer[4]	"typeLPMLV30_DiagnosticsEntry"	
buffer[5]	"typeLPMLV30_DiagnosticsEntry"	
buffer[6]	"typeLPMLV30_DiagnosticsEntry"	
buffer[7]	"typeLPMLV30_DiagnosticsEntry"	
buffer[8]	"typeLPMLV30_DiagnosticsEntry"	
buffer[9]	"typeLPMLV30_DiagnosticsEntry"	
buffer[10]	"typeLPMLV30_DiagnosticsEntry"	
buffer[11]	"typeLPMLV30_DiagnosticsEntry"	
buffer[12]	"typeLPMLV30_DiagnosticsEntry"	
buffer[13]	"typeLPMLV30_DiagnosticsEntry"	
buffer[14]	"typeLPMLV30_DiagnosticsEntry"	
buffer[15]	"typeLPMLV30_DiagnosticsEntry"	

图 11-8 typeLPMLV30_Diagnostics 数据结构

typeLPMLV30_Diagnostics 数据结构包括两部分，第一部分是诊断缓存指引 bufferIndex，数据类型为 Int，主要指示当前诊断信息的数组索引；第二部分是缓存主体 buffer，数据类型为 16 组自定义变量 typeLPMLV30_DiagnosticsEntry 数据结构。typeLPMLV30_DiagnosticsEntry 的数据结构和内容定义见表 11-6。

表 11-6 typeLPMLV30_DiagnosticsEntry 数据结构表

名 称	数 据 类 型	注 释
timestamp	DTL	事件发生的时间
UnitModeCurrent	Byte	当前的模式
StateCurrent	Byte	当前的状态
UnitMode	Byte	请求的模式
CntrlCmd	Byte	请求的状态
SC	Bool	操作状态完成切换
message	Byte	事件信息的描述

当有任何的操作，诊断缓存区都会将过程记录下来，至于当前的模式或者状态信息，则要根据 Message 中的提示来确定。只有当 Message 中信息提示为模式或状态切换成功的话，模式或状态的请求才是真正生效的。而 SC 表示状态切换完成，当有状态切换请求且成功后，该变量才变为 TRUE。

所以当前模式或状态可以通过诊断查询，LPMLV30_UnitModeStateManager（FB30100）的其他输出接口（主要是当前模式和状态的指示）也可以查询当前模式和状态。

typeLPMLV30_DiagnosticsEntry 中 Message 的定义见表 11-7，通过相对应的字节型数据

（Byte）的数值，即可得知诊断的真正信息。

表 11-7　typeLPMLV30_DiagnosticsEntry 中 Message 具体的定义

名称	数据类型	注释	说　明
MSG_NO_MESSAGE	Byte	16#00	没有信息
MSG_MODE_CHANGED_SUCCESSFULLY	Byte	16#01	模式切换成功
MSG_STATE_CHANGED_SUCCESSFULLY	Byte	16#02	状态切换成功
MSG_MODE_ALREADY_ACTIVE	Byte	16#03	模式已经激活
MSG_MODE_NOT_DEFINED	Byte	16#80	模式没有定义
MSG_CMD_NOT_DEFINED	Byte	16#81	控制指令没有定义
MSG_REQ_MODE_NOT_CONFIGURED	Byte	16#82	请求的模式没有配置
MSG_MODE_TRANSITION_NOT_ALLOWED	Byte	16#83	模式转换不允许
MSG_CMD_NOT_ALLOWED	Byte	16#84	控制指令不允许
MSG_SC_NOT_ALLOWED	Byte	16#85	操作状态不允许切换
MSG_STATE_CONFIG_FORCED	Byte	16#86	状态配置被强制

图 11-9　模式状态信息举例

5. 模式状态信息举例（如图 11-9 所示）

图 11-9 所示的 buffer ［0］ 具体含义的描述如下：

事件发生的时间：2020-09-11　11：16：43

当前的模式：手动模式（16#03）　　　　　当前的状态：Stopped（16#02）

请求的模式：无（16#00）　　　　　　　　请求的状态：Reset（16#01）

操作状态完成切换：无　　　　　　　　　　事件信息的描述：状态切换成功（16#02）

通过举例可以看到，该诊断信息阅读起来不是很便利，都是一些 Byte 数值，需要对照各种表格才能清晰地翻译过来。

在测试过程中还发现，当输入引脚 UnitModeChangeRequest 为 FALSE，改变 UnitMode 的值的时候，模式是无法切换的，因为 UnitModeChangeRequest 不是 TRUE，而此时该信息却不会在诊断缓存区记录下来。但当 UnitModeChangeRequest 为 TRUE 的时候，改变一次 UnitMode 的值，诊断缓存区有时候却会记录两条诊断信息，导致记录的信息和实际情况不符。

第 12 章

OMAC 模式和状态
管理机制的改进

上一章主要叙述了模式和状态管理程序，在实际工作中，如果手边没有用于对照查阅的文档，编程人员或工程师可能连那些模式以及模式下的状态都需要核对很久才能正确配置。

同时，模式和状态的诊断信息都是以 Byte 的方式呈现，而 Byte 值的具体含义也需要对照文档或者程序里面的注释才能看明白，其实很不方便。

再一个问题就是，模式和状态的传递可能有些不严谨的地方，比如，CPG 架构中只有 Unit 层面的模式和状态管理，实际应用中 EM 层面可能还有一些控制按钮，这些都是 CPG 架构中没有考虑的方面。

所以，对于 CPG 模式和状态管理程序的改进也是基于上述三个方面，改进基于如下几个原则：

1）保持 CPG 架构的风格；

2）对于一些参数和程序的表示，尽量以容易识别为宗旨；

3）尽量减少工程师的工作，能自动生成的尽量自动生成。

12.1　诊断信息内容的改进

在 CPG 架构的 WarningCfg、AlarmCfg、StatusCfg 的配置中有三种语言的配置，如图 12-1 所示，然后系统根据选择的语言类型，在 Warning、Alarm、Status 中显示相应的选

WarningCfg		
名称	数据类型	起始值
▼ Static		
▼ Event	Array[0.."CPG_NO_..	
▼ Event[0]	"CPG_typeEventCfg"	
ID	Int	0
value	Int	0
▼ message	Array[0.."LPMLV30..	
message[0]	String[60]	'Warning Test'
message[1]	String[60]	'Warning Test'
message[2]	String[60]	'Los Warning Test'
category	Int	0
▼ Event[1]	"CPG_typeEventCfg"	
ID	Int	1
value	Int	0
▼ message	Array[0.."LPMLV30..	
message[0]	String[60]	'Low Bottle Supply'
message[1]	String[60]	'Flaschenzufuhr niedrig'
message[2]	String[60]	'Las Low Bottle Supply'
category	Int	0
▼ Event[2]	"CPG_typeEventCfg"	
ID	Int	2
value	Int	0
▼ message	Array[0.."LPMLV30..	
message[0]	String[60]	'Low Label Supply'
message[1]	String[60]	'Etikettenzufuhr niedrig'
message[2]	String[60]	'Las Low Label Supply'
category	Int	0

图 12-1　CPG 的 Message 配置

择的语言信息。

但是，在 CPG 的模式和状态的诊断信息中，所有的信息却不是上述的类似语言的风格，而是使用二进制的 Byte 数据类型来表示，如图 12-2 所示。

▼ diagnostics	"typeLPMLV30_..."		
▪ bufferIndex	Int	-1	0
▪ ▼ buffer	Array[0.."LPMLV30...		
▪ ▼ buffer[0]	"typeLPMLV30_Dia...		
▪ ▶ timestamp	DTL	DTL#1970-01-0	DTL#2020-09-19-02:55:57.628158
▪ UnitModeCurrent	Byte	16#00	16#03
▪ StateCurrent	Byte	16#00	16#02
▪ UnitMode	Byte	16#00	16#01
▪ CntrlCmd	Byte	16#00	16#00
▪ SC	Bool	false	FALSE
▪ message	Byte	16#00	16#01

图 12-2　改进前模式和状态诊断数据

通过图 12-2 可以发现，Mode 以及 State 对应的数值和 ISA88 标准中描述的是一致的，但即使工程师或编程人员非常熟悉 ISA88 标准中的模式和状态的规则，估计看到这样的诊断信息也要稍微回想一下，比如 Mode 对应的 16#03 即表示手动模式。

但诊断信息的 Message 中的 16#01 在 ISA88 标准的规则中就没有定义，这是 CPG 程序的一个信息提示。而这个具体的信息内容，还只能通过程序才能理解，见表 12-1。

表 12-1　模式和状态的 Message 含义对照表

Message 数值	Message 内容
16#00	MSG_NO_MESSAGE
16#01	MSG_MODE_CHANGED_SUCCESSFULLY
16#02	MSG_STATE_CHANGED_SUCCESSFULLY
16#03	MSG_MODE_ALREADY_ACTIVE
16#80	MSG_MODE_NOT_DEFINED
16#81	MSG_CMD_NOT_DEFINED
16#82	MSG_REQ_MODE_NOT_CONFIGURED
16#83	MSG_MODE_TRANSITION_NOT_ALLOWED
16#84	MSG_CMD_NOT_ALLOWED
16#85	MSG_SC_NOT_ALLOWED
16#86	MSG_STATE_CONFIG_FORCED

只有通过对照，我们才能确切得知 16#01 的内容为 MSG_MODE_CHANGED_SUC-CESSFULLY，即模式切换成功。

可见，模式和状态的诊断信息显示风格和 Warning、Alarm 以及 Status 的方式不一样，且信息显示无法直观明了，甚至 Message 的信息还需要通过对照表才能理解。

针对这些问题，我们按照 CPG 的风格，将模式和状态诊断信息内容的数据类型由 Byte（字节）改为 String（字符串），这样显示的界面如图 12-3 所示。

diagnostics	"typeLPMLV30_Dia..		
bufferIndex	Int	-1	1
buffer	Array[0.."LPMLV30..		
buffer[0]	"typeLPMLV30_Dia..		
timestamp	DTL	DTL#1970-01-0	DTL#2020-09-18-13:24:56.855639043
UnitModeCurrent	String[20]	''	'手动模式'
StateCurrent	String[20]	''	'已经停止'
UnitMode	String[20]	''	'自动模式'
CntrlCmd	String[20]	''	'无指令'
SC	Bool	false	FALSE
message	String[40]	''	'模式切换成功'
buffer[1]	"typeLPMLV30_Dia..		
timestamp	DTL	DTL#1970-01-0	DTL#2020-09-18-13:59:27.447787479
UnitModeCurrent	String[20]	''	'Auto'
StateCurrent	String[20]	''	'Stopped'
UnitMode	String[20]	''	'Auto'
CntrlCmd	String[20]	''	'Reset'
SC	Bool	false	FALSE
message	String[40]	''	'MSG_STATE_CHANGED_SUCCESSFULLY'

图 12-3 改进后模式和状态诊断数据

改进后，模式和状态诊断信息由之前的字节型数值改变为相应语言的描述，这样即使对 ISA88 标准机制不是很熟悉的人，也可以通过诊断信息直接获取到相应的信息，特别是 Message 的信息内容，实现直接读取内容而不需要查表或程序来解读当前模式和状态诊断的实际意义。

要实现这个显示效果，需要在模式和状态管理程序的输入引脚增加一个语言选择 i_Mes_Language，该引脚的默认值 FALSE 是中文，TRUE 是英文，如图 12-4 所示。

LPMLV30_UnitModeStateManager

	名称	保持	数据类型	默认值	注释
	▼ Input				
	i_Mes_language	非保持	Bool	false	FALSE:中文 TRUE:English
	i_UnitMode	非保持	DInt	"LPMLV30_MO...	
	i_UnitModeChangeReques	非保持	Bool	false	
	i_CntrlCmd	非保持	DInt	"LPMLV30_CM...	
	i_CmdChangeRequest	非保持	Bool	false	
	i_enableBooleanInterface	非保持	Bool	false	

图 12-4 信息语言选择引脚

虽然 CPG 模板里面的 Warning、Alarm、Status 中有三种语言，在国内我们其实只需要中文（HMI/SCADA 需要支持中文显示）和英文即可，所以改进后的程序中只包含上述两种语言，包括后面的 Warning、Alarm、Status 的信息也是按照中英文来配置的。

上一章讲过，模式和状态分别由一个 Dint 数据类型的不同值来表示不同的模式和状态，所以为了将这些信息以 String 的形式体现出来，在改进后的程序中增加了一个自定义数据类型，该数据类型将定义好的模式和状态等的中英文都赋值进去，如图 12-5 所示。

这样，只要根据模式和状态的 Dint 值，就能直接读到对应数组的位置中的 String 的值，从而实现诊断信息的中文显示。

为了减少工程师的工作，这些 String 的值都是通过程序自动赋值的。当工程师配置好模式和状态后，相应的变量名称就可以通过 Portal 中的指令 GetSymbolName 来获取，这样工程师只需要配置好模式和状态即可。

▼ s_ModeAndStatesNamesConfiguratio	"UDT_ModeAndStates_NamesConfiguratio		
■ ▼ ModesNames	"typeModeName"		
■ ▶ Names_EN	Array[0..31] of String[16]		
■ ▼ Names_CN	Array[0..31] of String[16]		
■ Names_CN[0]	String[16]	'没有定义'	
■ Names_CN[1]	String[16]	'自动模式'	
■ Names_CN[2]	String[16]	'维护模式'	
■ Names_CN[3]	String[16]	'手动模式'	
■ Names_CN[4]	String[16]	'自定义模式01'	
■ Names_CN[5]	String[16]	'自定义模式02'	
■ Names_CN[6]	String[16]	'自定义模式03'	
■ Names_CN[7]	String[16]	'自定义模式04'	
■ Names_CN[8]	String[16]	'自定义模式05'	
■ Names_CN[9]	String[16]	'自定义模式06'	
■ Names_CN[10]	String[16]	'自定义模式07'	
■ Names_CN[11]	String[16]	'自定义模式08'	
■ Names_CN[12]	String[16]	'自定义模式09'	
■ Names_CN[13]	String[16]	'自定义模式10'	
■ Names_CN[14]	String[16]	'自定义模式11'	
■ Names_CN[15]	String[16]	'自定义模式12'	
■ Names_CN[16]	String[16]	'自定义模式13'	
■ Names_CN[17]	String[16]	'自定义模式14'	
■ Names_CN[18]	String[16]	'自定义模式15'	
■ Names_CN[19]	String[16]	'自定义模式16'	
■ Names_CN[20]	String[16]	'自定义模式17'	
■ Names_CN[21]	String[16]	'自定义模式18'	
■ Names_CN[22]	String[16]	'自定义模式19'	
■ Names_CN[23]	String[16]	'自定义模式20'	
■ Names_CN[24]	String[16]	'自定义模式21'	
■ Names_CN[25]	String[16]	'自定义模式22'	
■ Names_CN[26]	String[16]	'自定义模式23'	
■ Names_CN[27]	String[16]	'自定义模式24'	
■ Names_CN[28]	String[16]	'自定义模式25'	
■ Names_CN[29]	String[16]	'自定义模式26'	
■ Names_CN[30]	String[16]	'自定义模式27'	
■ Names_CN[31]	String[16]	'自定义模式28'	
■ ▼ CommandNames	"typeCommandName"		
■ ▶ Names_EN	Array[0..31] of String[16]		
■ ▶ Names_CN	Array[0..31] of String[16]		
■ ▼ statesNames	"typePublicStatesNames"		
■ ▶ Names_EN	Array[0..31] of String[16]		
■ ▶ Names_CN	Array[0..31] of String[16]		

图 12-5 模式状态信息内容

12.2 模式和状态的配置改进

CPG 架构程序中分别用一个 Dint 的数据类型来传递模式和状态，而不同的用户中可能有不同的模式和状态需要设置，所以在该程序块有一个名为 Configuration 的输入引脚，该引脚的数据类型为 typeLPMLV30_Configuration，其数据结构包括 disabledUnitModes 和 disabledStatesInUnitModes 两个变量组，详细结构如图 12-6 所示。

工程师配置 disabledUnitModes 的时候也是需要对 ISA88 标准机制非常熟悉，这样工程师才知道自己想要 disable 的模式是在哪一个 Bool 位置。

而在配置 disabledStatesInUnitModes 时候，即使工程师非常熟悉 ISA88 标准机制中的定义，也无法直接自己修改 Dint 的值来 disable 不同模式下的状态，这个配置还需要通过程

typeLPMLV30_Configuration		
名称	数据类型	默认值
▼ disabledUnitModes	Array[0.."L...	
disabledUnitModes[0]	Bool	false
disabledUnitModes[1]	Bool	false
disabledUnitModes[2]	Bool	false
disabledUnitModes[3]	Bool	false
disabledUnitModes[4]	Bool	false
disabledUnitModes[5]	Bool	false
disabledUnitModes[6]	Bool	false
disabledUnitModes[7]	Bool	false
disabledUnitModes[8]	Bool	false
disabledUnitModes[9]	Bool	false
disabledUnitModes[10]	Bool	false
disabledUnitModes[11]	Bool	false
disabledUnitModes[12]	Bool	true
disabledUnitModes[13]	Bool	true
disabledUnitModes[14]	Bool	true
disabledUnitModes[15]	Bool	true
disabledUnitModes[16]	Bool	true
disabledUnitModes[17]	Bool	true
disabledUnitModes[18]	Bool	true
disabledUnitModes[19]	Bool	true
disabledUnitModes[20]	Bool	true
disabledUnitModes[21]	Bool	true
disabledUnitModes[22]	Bool	true
disabledUnitModes[23]	Bool	true
disabledUnitModes[24]	Bool	true
disabledUnitModes[25]	Bool	true
disabledUnitModes[26]	Bool	true
disabledUnitModes[27]	Bool	true
disabledUnitModes[28]	Bool	true
disabledUnitModes[29]	Bool	true
disabledUnitModes[30]	Bool	true
disabledUnitModes[31]	Bool	true
▶ disabledStatesInUnitModes	Array[0.."L...	

typeLPMLV30_Configuration		
名称	数据类型	默认值
▶ disabledUnitModes	Array[0.."L...	
▼ disabledStatesInUnitModes	Arr...	
disabledStatesInUnitModes[0]	DInt	0
disabledStatesInUnitModes[1]	DInt	0
disabledStatesInUnitModes[2]	DInt	0
disabledStatesInUnitModes[3]	DInt	0
disabledStatesInUnitModes[4]	DInt	0
disabledStatesInUnitModes[5]	DInt	0
disabledStatesInUnitModes[6]	DInt	0
disabledStatesInUnitModes[7]	DInt	0
disabledStatesInUnitModes[8]	DInt	0
disabledStatesInUnitModes[9]	DInt	0
disabledStatesInUnitModes[10]	DInt	0
disabledStatesInUnitModes[11]	DInt	0
disabledStatesInUnitModes[12]	DInt	0
disabledStatesInUnitModes[13]	DInt	0
disabledStatesInUnitModes[14]	DInt	0
disabledStatesInUnitModes[15]	DInt	0
disabledStatesInUnitModes[16]	DInt	0
disabledStatesInUnitModes[17]	DInt	0
disabledStatesInUnitModes[18]	DInt	0
disabledStatesInUnitModes[19]	DInt	0
disabledStatesInUnitModes[20]	DInt	0
disabledStatesInUnitModes[21]	DInt	0
disabledStatesInUnitModes[22]	DInt	0
disabledStatesInUnitModes[23]	DInt	0
disabledStatesInUnitModes[24]	DInt	0
disabledStatesInUnitModes[25]	DInt	0
disabledStatesInUnitModes[26]	DInt	0
disabledStatesInUnitModes[27]	DInt	0
disabledStatesInUnitModes[28]	DInt	0
disabledStatesInUnitModes[29]	DInt	0
disabledStatesInUnitModes[30]	DInt	0
disabledStatesInUnitModes[31]	DInt	0

图 12-6　改进前的模式状态配置数据类型

序来实现，而 CPG 中也确实是通过程序实现的，如图 12-7 所示的程序。

根据 ISA88 标准的定义，自动（"生产）模式有全部的状态，而维护和手动模式只有

图 12-7　改进前的模式中状态配置程序

部分状态，所以在 CPG 的主程序中要通过程序来配置不同模式下的状态的数量。

还好 ISA88 标准中定义的模式只有三种，且自动（生产）模式中有所有的状态。要是某些客户自定义的模式比较多，那需要客户编写更多额外的程序。

为了能在简化程序的同时使程序的阅读性增加，在改进的程序中定义了两个数据类型，分别为状态定义（typeMode）和模式定义（typeStates）。

1）typeMode：长度跟 CPG 中的一样，都由 32 个位组成。当前按照 ISA88 标准，定义了 0~3 位的模式，而这四个模式对应的 CPG 架构中 Dint 类型数据 UnitMode 的 0~3 的值，如图 12-8 所示。

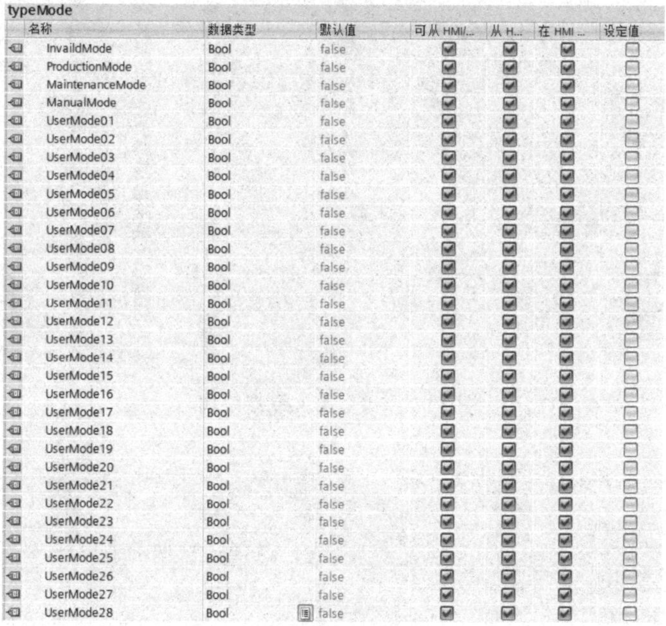

	名称	数据类型	默认值	可从 HMI/...	从 H...	在 HMI ...	设定值
	InvaildMode	Bool	false	☑	☑	☑	☐
	ProductionMode	Bool	false	☑	☑	☑	☐
	MaintenanceMode	Bool	false	☑	☑	☑	☐
	ManualMode	Bool	false	☑	☑	☑	☐
	UserMode01	Bool	false	☑	☑	☑	☐
	UserMode02	Bool	false	☑	☑	☑	☐
	UserMode03	Bool	false	☑	☑	☑	☐
	UserMode04	Bool	false	☑	☑	☑	☐
	UserMode05	Bool	false	☑	☑	☑	☐
	UserMode06	Bool	false	☑	☑	☑	☐
	UserMode07	Bool	false	☑	☑	☑	☐
	UserMode08	Bool	false	☑	☑	☑	☐
	UserMode09	Bool	false	☑	☑	☑	☐
	UserMode10	Bool	false	☑	☑	☑	☐
	UserMode11	Bool	false	☑	☑	☑	☐
	UserMode12	Bool	false	☑	☑	☑	☐
	UserMode13	Bool	false	☑	☑	☑	☐
	UserMode14	Bool	false	☑	☑	☑	☐
	UserMode15	Bool	false	☑	☑	☑	☐
	UserMode16	Bool	false	☑	☑	☑	☐
	UserMode17	Bool	false	☑	☑	☑	☐
	UserMode18	Bool	false	☑	☑	☑	☐
	UserMode19	Bool	false	☑	☑	☑	☐
	UserMode20	Bool	false	☑	☑	☑	☐
	UserMode21	Bool	false	☑	☑	☑	☐
	UserMode22	Bool	false	☑	☑	☑	☐
	UserMode23	Bool	false	☑	☑	☑	☐
	UserMode24	Bool	false	☑	☑	☑	☐
	UserMode25	Bool	false	☑	☑	☑	☐
	UserMode26	Bool	false	☑	☑	☑	☐
	UserMode27	Bool	false	☑	☑	☑	☐
	UserMode28	Bool	false	☑	☑	☑	☐

typeMode

图 12-8　模式定义数据结构

2）typeStates：长度跟 CPG 中的一样，都由 32 个位组成。当前按照 ISA88 标准，定义了 0~16 位的状态，而这些对应的 CPG 架构中 Dint 类型数据 UnitStates 的 0~16 的值，如图 12-9 所示。

说明：当上两幅图的结构定义好后，12.1 节中的诊断信息中的英文内容可以通过程序自动将两种结构中定义的名称读取出来，并依次赋值到数据结构中，只是中文的内容暂时还是需要用户自定义，无法做到通过程序自动生成。

这样一来，在 12.2 节介绍的 configuration 的输入引脚 typeLPMLV30_Configuration，其数据结构包括 disableUnitModes 和 disableStatesInUnitModes 两个变量组，经过改进后的详细结构如图 12-10 所示，读者可以和图 12-6 中的数据结构进行对比。

改进后的模式和状态配置数据由之前的数组更改为自定义数据，跟数组最明显的区别就是，自定义数据结构意思清晰，需要禁止哪种模式可以快速定位，且不需要查询或者查阅 ISA88 标准中定义的规则。

对于每种模式下的状态的配置，也不再需要图 12-7 中的配置程序，按照每种模式下状态类型，在相应的位置选择或者禁止即可。

typeStates

名称	数据类型	默认值	可从HMI/...	从 H...	在 HMI ...	设定值
clearing	Bool	false	☑	☑	☑	☐
stopped	Bool	false	☑	☑	☑	☐
starting	Bool	false	☑	☑	☑	☐
idle	Bool	false	☑	☑	☑	☐
suspended	Bool	false	☑	☑	☑	☐
execute	Bool	false	☑	☑	☑	☐
stopping	Bool	false	☑	☑	☑	☐
aborting	Bool	false	☑	☑	☑	☐
aborted	Bool	false	☑	☑	☑	☐
holding	Bool	false	☑	☑	☑	☐
held	Bool	false	☑	☑	☑	☐
unholding	Bool	false	☑	☑	☑	☐
suspending	Bool	false	☑	☑	☑	☐
unsuspending	Bool	false	☑	☑	☑	☐
resetting	Bool	false	☑	☑	☑	☐
completing	Bool	false	☑	☑	☑	☐
complete	Bool	false	☑	☑	☑	☐
Spare01	Bool	false	☑	☑	☑	☐
Spare02	Bool	false	☑	☑	☑	☐
Spare03	Bool	false	☑	☑	☑	☐
Spare04	Bool	false	☑	☑	☑	☐
Spare05	Bool	false	☑	☑	☑	☐
Spare06	Bool	false	☑	☑	☑	☐
Spare07	Bool	false	☑	☑	☑	☐
Spare08	Bool	false	☑	☑	☑	☐
Spare09	Bool	false	☑	☑	☑	☐
Spare10	Bool	false	☑	☑	☑	☐
Spare11	Bool	false	☑	☑	☑	☐
Spare12	Bool	false	☑	☑	☑	☐
Spare13	Bool	false	☑	☑	☑	☐
Spare14	Bool	false	☑	☑	☑	☐
Spare15	Bool	false	☑	☑	☑	☐

图 12-9　状态定义数据结构

typeLPMLV30_Configuration

名称	数据类型	默认值
disabledUnitModes	"typeMode"	
InvaildMode	Bool	false
ProductionMode	Bool	false
MaintenanceMode	Bool	false
ManualMode	Bool	false
UserMode01	Bool	false
UserMode02	Bool	false
UserMode03	Bool	false
UserMode04	Bool	false
UserMode05	Bool	false
UserMode06	Bool	false
UserMode07	Bool	false
UserMode08	Bool	false
UserMode09	Bool	false
UserMode10	Bool	false
UserMode11	Bool	false
UserMode12	Bool	false
UserMode13	Bool	false
UserMode14	Bool	false
UserMode15	Bool	false
UserMode16	Bool	false
UserMode17	Bool	false
UserMode18	Bool	false
UserMode19	Bool	false
UserMode20	Bool	false
UserMode21	Bool	false
UserMode22	Bool	false
UserMode23	Bool	false
UserMode24	Bool	false
UserMode25	Bool	false
UserMode26	Bool	false
UserMode27	Bool	false
UserMode28	Bool	false
disabledStatesInUnitModes	Array[0.."LPMLV30...	

typeLPMLV30_Configuration

名称	数据类型	默认值
disabledUnitModes	"typeMode"	
disabledStatesInUnitModes	Array[0.."LPMLV...	
disabledStatesInUnitModes[0]	"typeStates"	
clearing	Bool	false
stopped	Bool	false
starting	Bool	false
idle	Bool	false
suspended	Bool	false
execute	Bool	false
stopping	Bool	false
aborting	Bool	false
aborted	Bool	false
holding	Bool	false
held	Bool	false
unholding	Bool	false
suspending	Bool	false
unsuspending	Bool	false
resetting	Bool	false
completing	Bool	false
complete	Bool	false
Spare01	Bool	false
Spare02	Bool	false
Spare03	Bool	false
Spare04	Bool	false
Spare05	Bool	false
Spare06	Bool	false
Spare07	Bool	false
Spare08	Bool	false
Spare09	Bool	false
Spare10	Bool	false
Spare11	Bool	false
Spare12	Bool	false
Spare13	Bool	false
Spare14	Bool	false
Spare15	Bool	false
disabledStatesInUnitModes[1]	"typeStates"	
disabledStatesInUnitModes[2]	"typeStates"	
disabledStatesInUnitModes[3]	"typeStates"	
disabledStatesInUnitModes[4]	"typeStates"	
disabledStatesInUnitModes[5]	"typeStates"	

图 12-10　改进后模式状态配置数据类型

12.3　模式和状态的传递改进

图 12-11 所示为 CPG 架构中的数据传递方式，指令（Command）从总线（Line）下发到 Unit，状态和其他事件（Event）则由 CM 层面逐层往上传递到 Line。对于所有的控制程序架构来说，控制和状态反馈的传递方式都是类似的，在 CPG 架构中通过模式和状态管理器的两个输出引脚向下传递，其程序如图 12-12 所示。

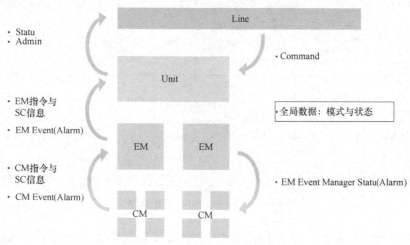

图 12-11　CPG 架构中的数据传递方式

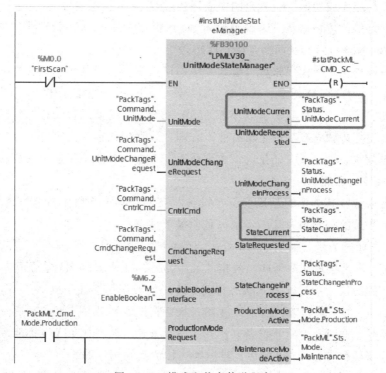

图 12-12　模式和状态传递程序

至于状态的反馈，则首先是通过程序块 UN_01_PackML_ModuleSum 将 Unit 以下的状态全部收集起来，每一种状态都用一个全局变量来传递，以 Clearing 状态为例，如图 12-13 所示。

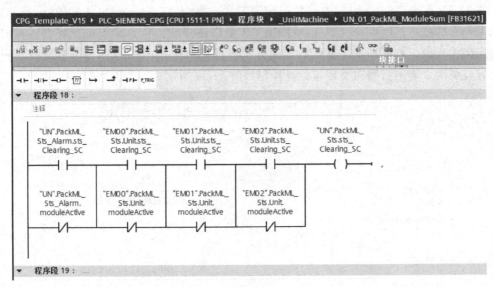

图 12-13　Clearing_SC 指令的收集

从图 12-13 中可以看到，所有 EM 的状态收集传递到最终得到一个 Clearing_SC 的变量。前文也说过，CPG 架构中的状态分为操作状态和等待状态，而操作状态需要 SC 指令才能确认状态已经完成切换，也就是图中表现的过程。

状态收集好后，再根据状态请求来决定 SC 指令（模式和状态管理程序的输入引脚）的状态，如图 12-14 所示，从而决定操作状态是否可以完成切换。

对于一般标准化架构程序来说，模式的传递还是符合一般逻辑。但状态收集就显得比较繁琐。首先，EM 和 CM 越多，UN_01_PackML_ModuleSum 中的操作状态收集的程序就会非常长；其次，对于等待状态，以作者的经验来看，目前模式和状态管理程序中只要收到相关指令就将等待状态改变的逻辑有些不合理，收到相关指令其实只是等待状态请求改变，而实际等待状态是否改变还是应该由下面所有 EM/CM 的状态是否改变来决定。

1. **状态反馈的原理**

对于状态来说，其体现的是现场所有设备状态的合集，不管是操作状态还是等待状态，原则都是一致的，状态改变的请求只是前提条件。

以 Clearing 状态为例，如图 12-15 所示，在系统（模式状态管理器）中该状态原始值为 0，当系统（模式状态管理程序）发出 Clear_Command 请求后，只有下面的 EM 中所有的状态都为 1 的时候，系统（模式状态管理器）中的状态切换才完成。

假如 Clearing 为等待状态，当系统（模式状态管理器）收到 Clearing 指令的时候，设备由于电源断开，此时指令对于设备来说其实是无效的。若按照 ISA88 标准定义，这个时候的状态也应该切换为 Clearing 的话，显然和实际情况是相悖的。

所以，不论是等待状态还是操作状态，状态反馈的原则都应该如图 12-15 一样，需要

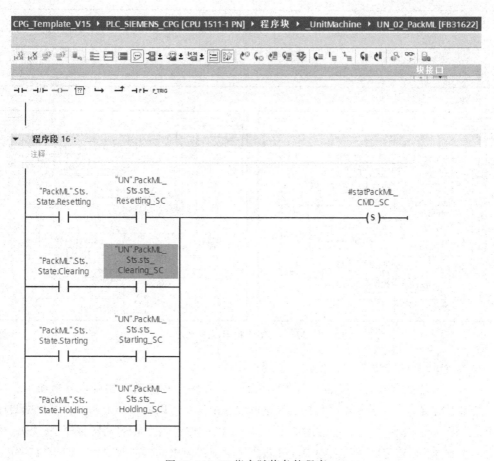

图 12-14　SC 指令赋值条件程序

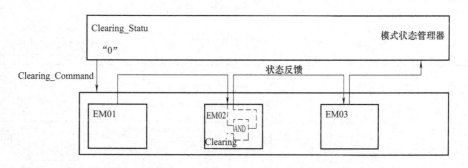

图 12-15　单个状态反馈原理

等到下面所有状态反馈上来后状态才能切换。

至于整体状态的反馈,即所有状态的反馈集合,就是图 12-15 的一个扩展,如图 12-16 所示。

对于系统来说,只要下面 EM 中任何一个设备有 Warning 或者 Alarm,意味着整个系统就存在 Warning 或者 Alarm。所以,从图中可以看到,Warning 和 Alarm 的逻辑关系是"OR"而不是"AND"。

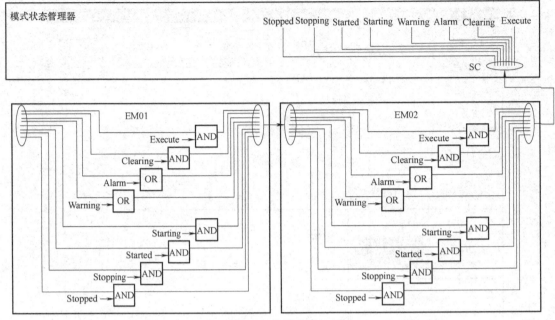

图 12-16　整体状态反馈原理

2. 状态反馈的方式

由于状态是自下而上收集的。前文也说到，这样整个程序就会显得十分繁琐。

按照更新后的状态定义数据结构，改进的程序中其实可以用一个 Dword 类型数据结构用于状态反馈的收集。每一个状态位对应 Dword 中的一个位，在 EM 的控制程序中，只要相应的状态改变，然后就将状态反馈的 Dword 数据中对应的位做同样的改变，如图 12-17 所示。

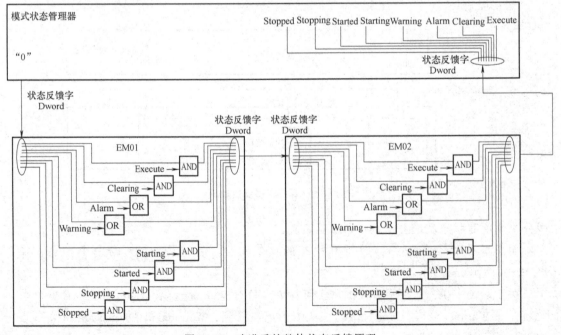

图 12-17　改进后的整体状态反馈原理

　　按照这个思路，所有的状态都是一个 Dword 类型的全局变量，比如数据块 PackML 中的变量名 SC_Dword。所有 EM 程序都有一个输入输出引脚，用于存储当前设备的所有状态。该变量进入下一个设备后，又和下一个设备所有状态做"AND"或"OR"逻辑处理再输出到下一个 EM 的引脚……最终，这个全局变量接入到模式和状态管理器的 SC 输入引脚，只是此时 SC 引脚的数据类型是 Dword。此时，模式和状态管理器将该 Dword 数据解析，就可以得知当前下面所有设备的状态情况，从而得到当前系统的状态输出，如图 12-18 所示。

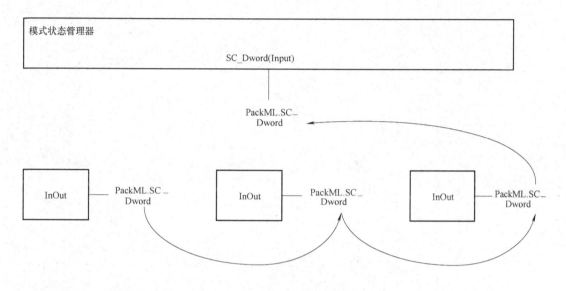

图 12-18　状态传递的程序示意图

　　状态反馈使用 Dword 而不使用模式状态传递的 Dint 类型，是因为 Portal 中有 GATHER 和 SCATTER 指令，这两个指令可以仅包含 Bool 型元素的 ARRAY of BOOL、匿名 STRUCT 或 PLC 数据类型中的各个位组合为一个位序列，位序列保存在数据类型为 Byte、Word、Dword 或 Lword 的变量中。

12.4　最终程序状态

　　所有改进完成后，程序分为两个模板，主要区别在于状态反馈的方式是以 Bool 形式逐个收集还是以 Dword 形式向上收集，其他的内容都是一样的，都是改进后的便于阅读和操作的模式和状态管理程序。

　　Bool 状态收集在于区分等待状态和操作状态，而且所有的 EM/CM 状态的收集都需要在 UN_01_PackML_ModuleSum 中逐个进行手动编辑，很难避免状态收集遗漏的情况，且测试过程必须逐个对 EM/CM 进行测试。

　　Dword 状态收集不区分等待状态和操作状态，所有状态的反馈都是基于下面所有 EM/CM 的真实反馈。同时，该状态在 EM/CM 程序块中输出传递，不需要在 UN_01_PackML_

ModuleSum 中逐个进行手动编辑，提高了工作效率，只要一个 EM/CM 测试是正常的，那所有的状态反馈就都正常。

对于有标准化需求的客户，有时候全面的标准化的推广非常困难，这涉及所有专业之间的配合和一致。此时，可以先做模式和状态管理的标准化，利用上述改造的模式和状态管理程序，开始最简单的标准化的推广[⊖]。

⊖ 有关更多 OMAC 以及 CPG 的内容和程序，请参考如下链接。

• OMAC PackML Machine Simulation：https：//support. industry. siemens. com/cs/cn/zh/view/109768201/en

• SIMATIC CPG Template：https：//support. industry. siemens. com/cs/ww/en/view/109475572

第13章

事件 (Event) 标准化

本章内容描述的是对象化模型（参见图 8-1）中的 Event 部分，按照 CPG 架构，Event 包括 Status、Alarm 以及 Warning 三类。

Status 指的是 ISA88 标准中定义的那 16 个状态（参见表 11-1），这些状态是所有层面设备可能都具备的特征，所以也可以把这些状态定义为公共状态（Public Status）。

而 Alarm 以及 Warning 就是具体设备运行过程中可能产生的报警和警告，只跟某些具体设备相关。比如伺服电机驱动的设备就有伺服类的报警，而气缸驱动的设备就有气缸类型的报警，这些内容并不是所有层面设备都可能具备，所以把这些状态定义私有状态（Private Status）。

由于整个的标准化框架都是基于 CPG 模板改进而来，所以本章内容会从 CPG 的 E-vent 管理机制和按照模块化编程思路改进的程序的两个方面来叙述。

13.1 CPG 架构中的 Event 管理机制

CPG 架构中 Status、Alarm、Warning 的数据结构和处理机制都是一致的，所以对于 CPG 中这三类的机制处理都统一用 Event 来介绍。

1. Event 的配置和收集

首先，在 CPG 中会有一个配置 Event 的全局数据块（DB），名称为×××Cfg（Status-Cfg、AlarmCfg、WarningCfg），整个 DB 是由不同长度（Status、Alarm 和 Warning 的数量不一样）的数组构成，数组的数据结构为自定义的 CPG_typeEventCfg，如图 13-1 所示（以 Alarm 为例）。

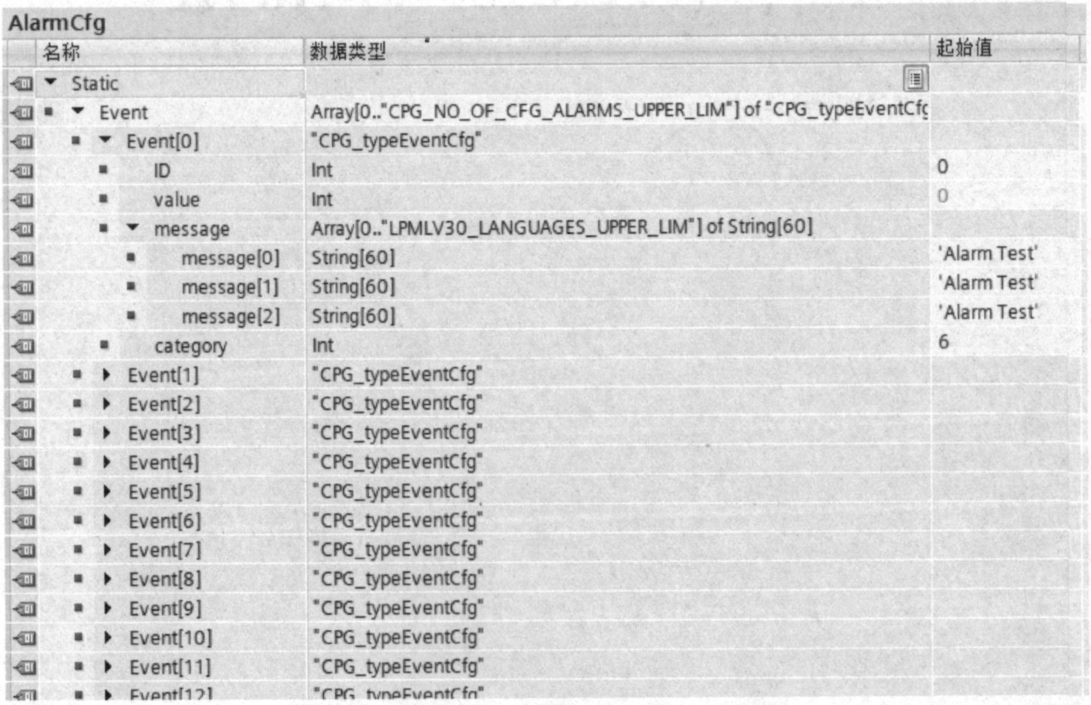

AlarmCfg			
	名称	数据类型	起始值
▼	Static		
■ ▼	Event	Array[0.."CPG_NO_OF_CFG_ALARMS_UPPER_LIM"] of "CPG_typeEventCfg"	
■ ▼	Event[0]	"CPG_typeEventCfg"	
■	ID	Int	0
■	value	Int	0
■ ▼	message	Array[0.."LPMLV30_LANGUAGES_UPPER_LIM"] of String[60]	
■	message[0]	String[60]	'Alarm Test'
■	message[1]	String[60]	'Alarm Test'
■	message[2]	String[60]	'Alarm Test'
■	category	Int	6
■ ▶	Event[1]	"CPG_typeEventCfg"	
■ ▶	Event[2]	"CPG_typeEventCfg"	
■ ▶	Event[3]	"CPG_typeEventCfg"	
■ ▶	Event[4]	"CPG_typeEventCfg"	
■ ▶	Event[5]	"CPG_typeEventCfg"	
■ ▶	Event[6]	"CPG_typeEventCfg"	
■ ▶	Event[7]	"CPG_typeEventCfg"	
■ ▶	Event[8]	"CPG_typeEventCfg"	
■ ▶	Event[9]	"CPG_typeEventCfg"	
■ ▶	Event[10]	"CPG_typeEventCfg"	
■ ▶	Event[11]	"CPG_typeEventCfg"	
■ ▶	Event[12]	"CPG_typeEventCfg"	

图 13-1　Event 配置数据

配置数据块中需要将 Event 的 ID、value、message 以及 category 设置好。其中，category 是指该 Event 对设备或者系统造成的影响的级别，意思就是该事件的影响程度。在 CPG 中，category 的级别分为 0~9，每一种级别都导致了事件对设备的不同影响。由于 Event 管理机制的繁琐，对于 category 具体的分类本文不具体描述，有兴趣的读者可以参考 CPG 程序或者 CPG 文档。

其次，CPG 中跟 Cfg 对应的还有一个 Event 收集的全局数据块（DB）。根据 Event 的不同，分为 Alarm、Warning、Status 三个 Event 收集的全局数据块，这些数据块包含最终的、汇总的 Event 信息。该类块中所有的数据都包含在 Summation 结构中，该结构的数据类型是自定义的 CPG_typeEventSummation，如图 13-2 所示（以 Alarm 为例）。

Alarm

	名称	数据类型	起
◀□ ▼	Static		
◀□ ■ ▼	Summation	"CPG_typeEventSummation"	
◀□ ■ ▶	sts_FirstOutEvent	"CPG_typeEvent"	
◀□ ■ ▶	sts_FirstOutEventCat	Array[0..9] of "CPG_typeEvent"	
◀□ ■ ▶	sts_Events	Array[0.."CPG_NO_OF_STS_ELEMENTS_EVENT_SUM_UPPER_LIM"] of "CPG_typeE	
◀□ ■	sts_NumEvents	Int	0
◀□ ■	sts_Category_0_Latched	Bool	fa
◀□ ■	sts_Category_1_Latched	Bool	fa
◀□ ■	sts_Category_2_Latched	Bool	fa
◀□ ■	sts_Category_3_Latched	Bool	fa
◀□ ■	sts_Category_4_Latched	Bool	fa
◀□ ■	sts_Category_5_Latched	Bool	fa
◀□ ■	sts_Category_6_Latched	Bool	fa
◀□ ■	sts_Category_7_Latched	Bool	fa
◀□ ■	sts_Category_8_Latched	Bool	fa
◀□ ■	sts_Category_9_Latched	Bool	fa
◀□ ■	sts_Category_0_NotLatched	Bool	fa
◀□ ■	sts_Category_1_NotLatched	Bool	fa
	sts_Category_2_NotLatched	Bool	fa

图 13-2　Event 汇总数据块图示

CPG_typeEventSummation 中包括当前的第一个 Event、当前前十个 Event 合集、当前所有 Event 合集以及哪一种 category 被触发的合集。

2. Event 数据分层

CPG 中每一个 UN 和 EM 层级都有一个全局数据块（DB），用于收集本层级设备的 Event 事件，然后再将所有的 UN 和 EM 层级的 Event 数据汇总到图 13-2 中的 Event 汇总数据块中，即 Event 汇总数据块是整个系统的 Event 的集合，至于各个 UN 和 EM 的 Event，可以查看每一个层级对应的 Event 数据块，如图 13-3 所示（以 EM01 为例）。

3. Event 的处理机制

Event 的处理机制如图 13-4 所示，当有 Event 触发，CPG 就会先去 EventCfg 配置数据块中查找 Event 的类型，然后将 Event 信息写入对应的 EM（UN）数据块中。每一个循环周期，系统又会将控制系统中所有层面的 Event 汇集到总的 Event 数据块中，当然汇集之前会将 EM（UN）的前缀（MessagePrefix）连接起来，便于在 Event 汇总数据块中识别该 Event 归属于哪个设备。

每一种 Event 事件类型（Status、Alarm 和 Warning）都有一个总的全局数据块管理，

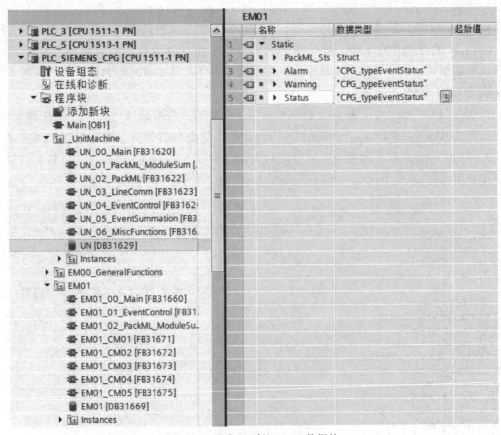

图 13-3　设备级别的 Event 数据块

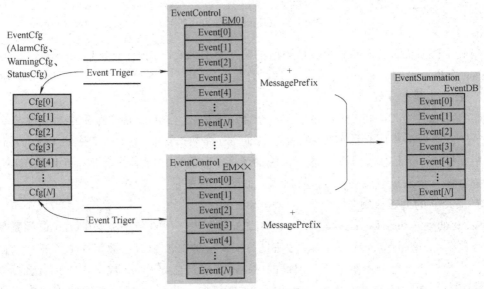

图 13-4　Event 处理机制

程序通过以下几个步骤，来将所有的 Event 事件分门别类地传递到对应的全局数据块中。

步骤1：在 EM 级以上的层级都定义一个全局数据块，用于这三类数据的收集，以 EM00 为例，如图 13-5 所示。

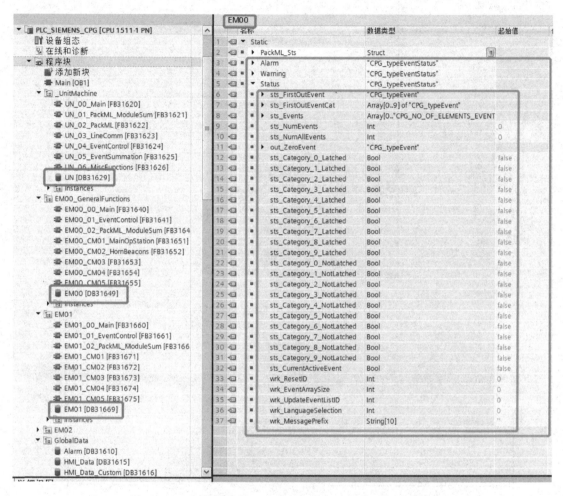

图 13-5　CPG 架构中的 EM（UN）层面的 Event 管理数据块

这三类数据都统一由自定义数据类型 CPG_typeEventStatus 定义，该数据类型按照三类归纳为第一个 Event、前十个 Event 以及所有的 Event 三类集合，这样便于工程师调试和操作时的信息查看。

步骤2：再用三个全局数据块设置好 Event 的 ID、Value 以及 Message 等信息，这三个全局数据块分别为 AlarmCfg、WarningCfg 以及 StatusCfg，如图 13-6 所示。

步骤3：当某个事件发生的时候，需要根据事件发生的本质判断是 Status 还是 Alarm 还是 Warning，然后再将配置文件中的 Message 等信息传递到该设备所属的 EM 或 UN 下面的全局数据块中，以 EM00 为示例，如图 13-7 所示。

步骤4：最后在 UN_05_EventSummation 中，再通过功能块 CPG_EventSummation 分门别类的汇总到三个全局数据块中，如图 13-8 所示。

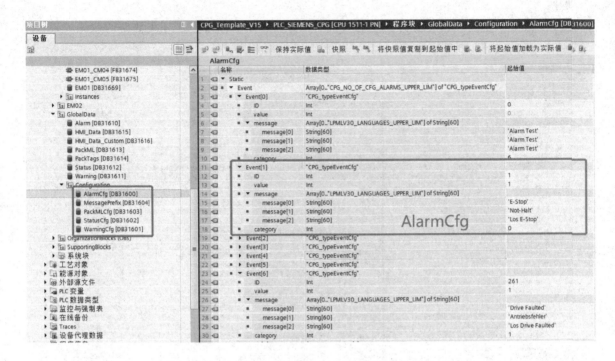

图 13-6　CPG 架构中 Event 配置图示

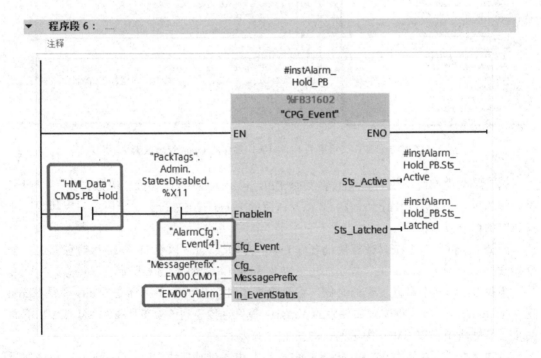

图 13-7　CPG 架构中 Event 分门别类程序示意图

▼ 程序段 7 : .....

注释

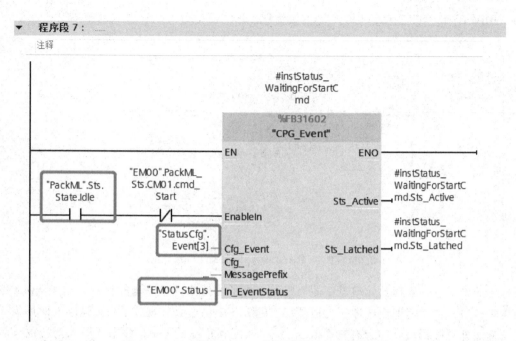

图 13-7　CPG 架构中 Event 分门别类程序示意图（续）

CPG_Template_V15 ▶ PLC_SIEMENS_CPG [CPU 1511-1 PN] ▶ 程序块 ▶ _UnitMachine ▶ UN_05_EventSummation [FB31625]

注释

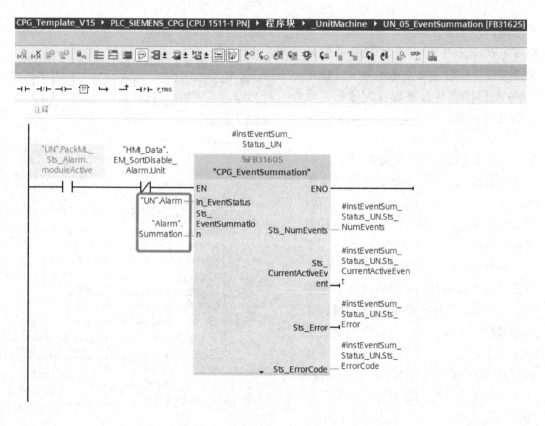

图 13-8　CPG 架构中总的 Event 的收集程序示意图

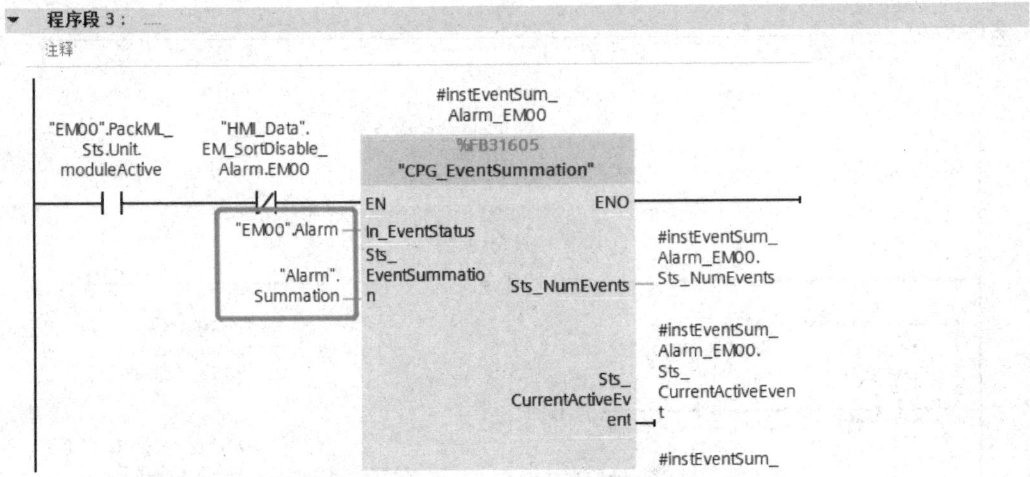

程序段 3：

注释

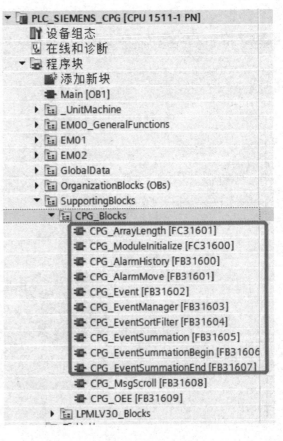

图 13-8　CPG 架构中总的 Event 的收集程序示意图（续）

　　下面来看这种管理及处理机制的局限性。为了达到减少程序量的目的，三类 Event 的结构都是一样的，但即使这样，工程师在实际工作中仍然会发现在 Event 触发的时候需要去正确地配置数据块（因为有三类 Event）中匹配到正确的 Event 数据并写入对应的设备数据块中，这些都需要按照 CPG 架构通过不同程序实现。另外，所有 Event 汇总的程序也需要单独编写，这些都导致了 CPG 架构中跟 Event 相关的功能函数非常多。同时，由于程序繁多，整个 Event 的程序架构也显得较为杂乱，所有的这些因素放在一起，导致整个 Event 的实际使用体验和使用效果不理想，这也是目前 CPG 架构在实际工程场景下普遍仅作为一个状态管理机来使用的原因之一。正如图 13-9 可以看到，CPG 中跟 Event 相关的功能函数是 CPG 架构中最多的 Support 功能块。

　　除此之外，CPG 架构中的 Event 没有跟模块化设备相匹配的链接，都是将 EM 或者 UN 层级的设备放在一起，这样导致整个 CPG 中的 Event 管理的程序比较杂乱。每一个新的 Event 都需要在不同的程序块中手动添加 Event 的程序，这导致了在编程的时候错误出现的概率大大增加。

　　而且，目前大部分的实际应用中，

图 13-9　CPG 架构中 Event 功能块

Status、Alarm、Warning 等数据的反馈是以二进制形式体现的，虽然这符合目前大部分 PLC 编程的习惯（Event 大多数情况下是通过 SCADA/HMI 处理的），但这也是 CPG 的 Event 管理机制没有普遍应用的原因之一。

为了解决上述的种种不方便之处所带来的局限性，在 CPG 架构的现有基础上，本书对 Event 处理机制进行了对象化编程的改进，使整个标准架构程序更符合对象化编程的模型架构。

13.2 Event 管理机制的改进

Event 管理机制改进的原则就是模块化，尽量减少编程工作量，同时使得整个程序架构更加紧凑实用，即使后期整个系统中设备增加，整个架构程序也不需要重新添加额外的程序。

以 8.2 节中的工艺布局为例，整个生产线由三类设备组成，分别为单向工频控制的输送机、单向变频控制的输送机以及机器人工作站（本例为机器手），将图 8-3 稍作修改，如图 13-10 所示。

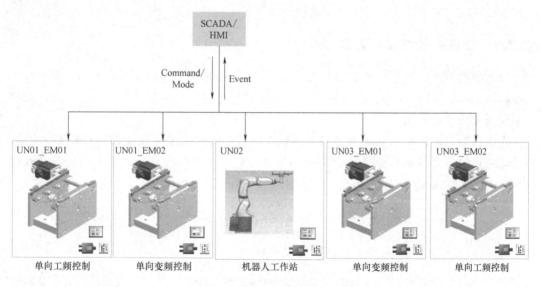

图 13-10　不同对象组成的工艺布局

变频输送机相对工频输送机来说，速度可以选择且可以多段速度运行。机器人工作站相对输送机来说，不但速度可以选择，位置和空间坐标也可以设置并加以限制。这样，我们就可以看到，这三类设备具有不一样的能力和属性。对于其能力数据来说，我们可以通过对象化编程模型中的参数（Parameter）给予不同的参数设置，那对于其属性来说，体现的就是三类设备各自的不同私有状态（Privat Status）。

上述工艺布局图的 5 台设备分属于三类设备，那这三种不同类型 5 台单独设备在程序中是怎么实现和一一对应的呢？

首先，5 台单独设备在程序中是通过 ID 来一一对应的，每一台设备都有一个唯一的 MessagePrefix，分别为 UN01_EM01、UN01_EM02、UN02、UN03_EM01 以及 UN03_EM02。

设备类型通过不同的能力和属性来体现。对于上述三类设备，能力通过 Parameter 的参数体现，每一类设备的属性又包括 Public Status 和 Private Status。Public Status 是统一的，比如 ISA88 标准中定义的状态或者根据实际需要定义。那 5 台设备具体属性，如上文所言，就由各自的 Private Status 体现。

读到这，你会发现，本书中经常提到的对工艺的理解又体现出来了。Parameter 是对象能力的体现，Events 是属性的体现。

比如上述三类设备，变频输送机相对工频输送机就会多出一些跟变频相关的状态属性，而机器人工作站相对于两类输送机来说，就会多出一些跟位置和伺服相关的状态属性。这些就是不同对象在程序中的具体映射，按照高级语言的描述就是，他们属于不同的类（Class）。

具体的对象化模型编程中，对应的每一类设备是按照同样的方式体现的。

Public Status 是固定的，所以这个属性是不需要重新定义，每一类个性化的属性体现是由 Private Status 定义的，所以可以分别定义一个 UDT 用于 Private Status 的状态体现。

和 CPG 架构不同的是，基于 CPG 理念改进而来的对象化编程中，Event 的管理机制有很大的不同，它更简洁更方便，重要的是它跟对象化模块是一体的。

13.2.1 改进后的 Event 状态分类

改进后的对象化编程模型的程序中依然将对象化的状态分为 Public Status 和 Private Status 两类，其中 Public Status 就是 ISA88 标准中定义的状态集合，而 Private Status 是每一类设备的属性的表达。

由于普通编程都是用 Bool 型变量表达状态属性，同时也为了贯彻 ISA88 标准的理念，对象化编程中的 Public 和 Private 都有两种表达方式，在对象化模型程序中用自定义数据结构 UDT_ModelInformation 来体现，其数据内容如图 13-11 所示。

UDT_ModelInformation

名称	数据类型	默认值
PublicStatus	"UDT_PublicStates"	
PrivateStatus	"UDT_PrivateStatusModel"	
PublicStatusMessage	"UDT_PublicStatusMessage"	
PrivateStatusMessag	"UDT_PrivateStatusMessage"	

图 13-11 对象化编程的 UDT_ModelInformation 数据结构

其中，没有 Message 后缀的是 Bool 型变量的集合，带 Message 后缀是和 CPG 一样的 Event 结构。

PublicStatus 的自定义数据类型 UDT_PublicStates 和 PublicStatusMessage 的自定义数据类型 UDT_PublicStatusMessage 的结构如图 13-12 所示。

如图 13-12，PublicStatus 就是一般公共状态，Message 的数组数量和左边的定义的状态数量是一致的。UDT_PublicStates 是 Bool 变量的表达，UDT_PublicStatusMeaasge 是对应的 Event 类数据的表达。

同理，PrivateStatus 的自定义数据类型 UDT_PrivateStates 和 PrivateStatusMessage 的自

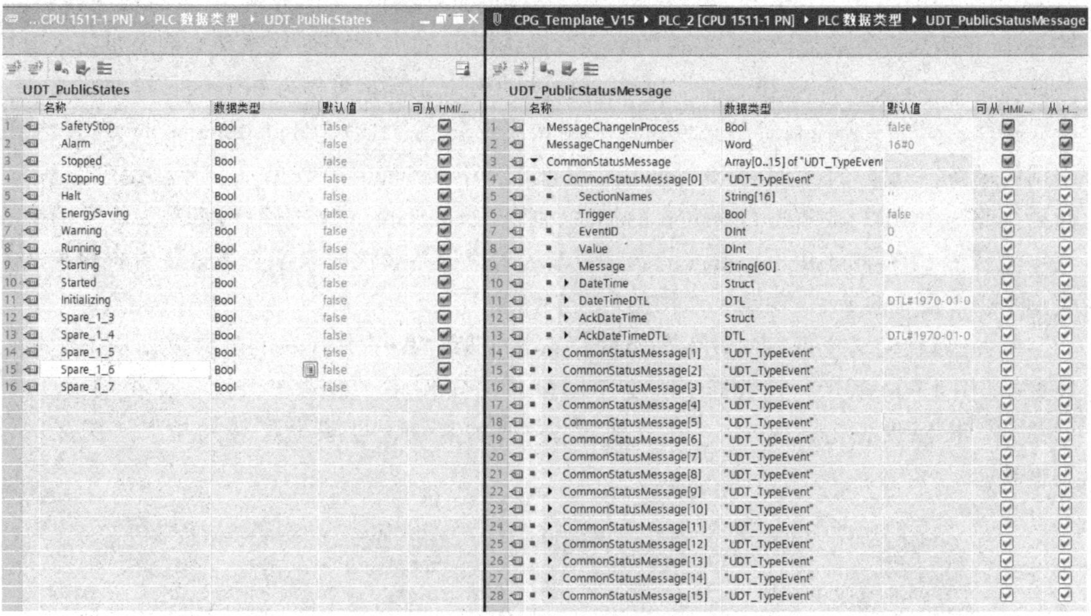

图 13-12 PublicStatus 的数据结构

定义数据类型 UDT_PrivateStatusMessage 的结构如图 13-13 所示。

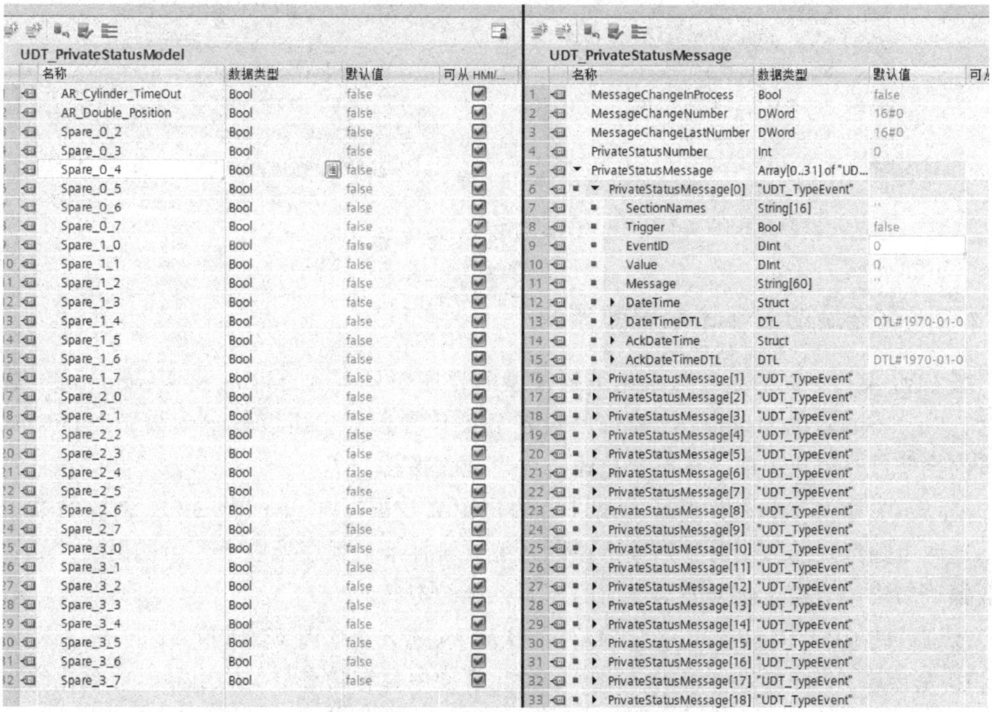

图 13-13 PrivateStatus 的数据结构

如图 13-13，PrivateStatus 就是私有状态，Message 的数组数量和左边的定义的状态数量是一致的。UDT_PrivateStatus 是 Bool 变量的表达，UDT_PrivateStatusMeaasge 是对应的

Event 类数据的表达。对象化编程模型中，PrivateStatus 按照一个 32 位双字的长度预留，Meaasge 里面对应的是 32 个 Message 的集合。这是因为 32 位长度的数据基本能满足绝大部分设备属性的定义，若 32 位不够，则可以例外地用更长的数据位作为 PrivateStatus 的定义。

这样，对于一个控制对象来说，所有的状态都能通过 UDT_ModelInformation 来表达。不同的设备，只是 UDT_ModelInformation 里面的 PrivateStatus 的数据不一样。也就是说，只要按照这个 UDT_ModelInformation 的模式，将 PrivateStatus 的数据结构定义为设备的属性，然后将 UDT_ModelInformation 的名称更改为对应设备属性的名字，那么在对象化控制模型中，该设备的 Event 的数据结构的定义就完成了。

Event 属性定义也是按照设备分类的，在整个架构程序中有一个全局数据块 DB_Event，如图 13-14 所示，该数据块既是不同设备的实例化，也是按照设备分类的 Event 的集合。按照设备定义 Event，既方便了 Event 的查询，也减少了架构中 EM 层级的数据块。

DB_Event			
	名称	数据类型	起
▼	Static		
►	UN01_EM01	"UDT_ModelInformation"	
▼	UN01_EM02	"UDT_ModelInformation"	
►	PublicStatus	"UDT_PublicStates"	
►	PrivateStatus	"UDT_PrivateStatusModel"	
►	PublicStatusMessage	"UDT_PublicStatusMessage"	
►	PrivateStatusMessage	"UDT_PrivateStatusMessage"	
►	UN02_EM01	"UDT_ModelInformation"	
►	UN02_EM02	"UDT_ModelInformation"	
►	UN03_EM01	"UDT_ModelInformation"	
►	UN03_EM02	"UDT_ModelInformation"	

图 13-14 DB_Event 图示

13.2.2 改进后的 Event 配置数据块

跟 CPG 架构不同的是，对象化编程模型的程序中只有 AlarmCfg 和 WarningCfg。这是因为，PublicStatus 的 Message 已经按照设备分类单独归集，所以每一台设备 PublicStatus 的事件会通过对象化程序，在有变化的时候自动收集。

AlarmCfg 和 WarningCfg 都是由改进后的自定义数据 CPG_typeEventCfg 组成的数组集合，这两个数据块的作用对象是整个控制系统。若标准化程序是整个公司层面的，那这两个数据块的作用对象是整个公司层面的控制系统的定义。

改进后的 CPG_typeEventCfg 只保留了 ID 和 Message，如图 13-15 所示。

ID 是指该 Event 的事件编码，用于对象化模型中私有状态分类的引导。对象化编程中把 8000～8999 分配给了 Alarm 的类型，6000～6999 分配给了 Warning 的类型。

Message 是指 Event 的描述，在 CPG 架构中由三种语言组成，而改进后的对象化模型只保留了英文和中文，系统会根据所选择的语言类型，自动分配相应语言的 Event 描述。

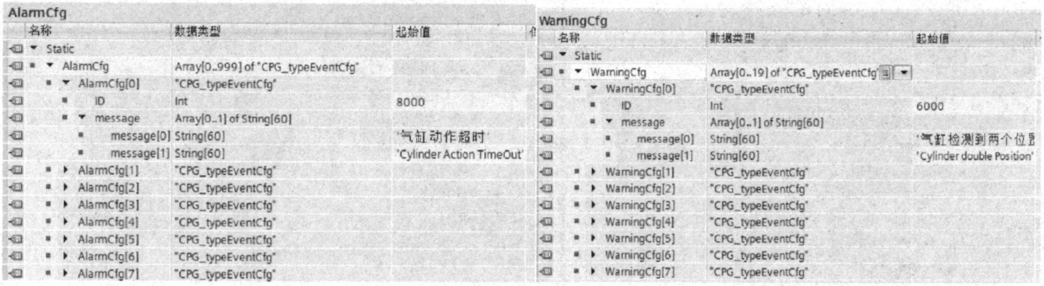

图 13-15　改进后的 EventCfg 的数据块

13. 2. 3　改进后的 Event 对象属性指引数据块

任何一个对象设备的 PrivateStatus 里面的状态可能是 Alarm，也可能是 Warning。为了能自动将 PrivateStatus 的状态分类，每一类设备还提供了一个指引数据块。

对象化编程的 PrivateStatus 预留长度为 32 位，所以对象属性指引数据块的结构是一个由 32 个 Int 型数据组成的数组结构，如图 13-16 所示。

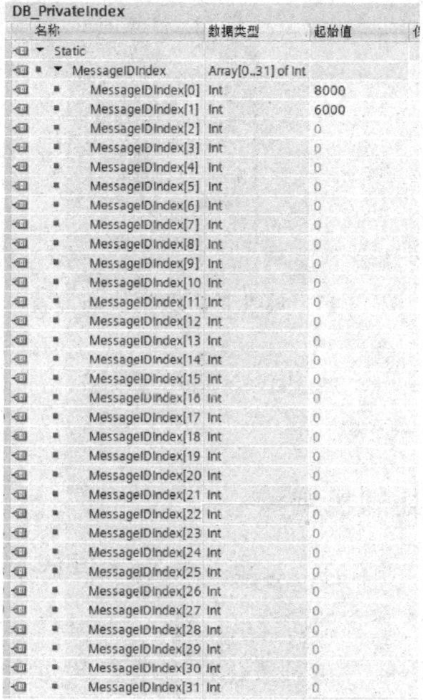

图 13-16　对象属性指引数据块

每一类设备的 PrivateStatus 不一样，所以整个控制系统中由多少类设备组成，就有多少个这样的全局数据块。虽然预留长度为 32 位，但实际上可能用到的只有一小部分，所以指引数据块的内容要根据 PrivateStatus 的具体配置来设置。

如图 13-17 右边显示，32 位长度的 PrivateStatus 只有前面两个变量是实际配置的状态，其他的都是预留位置。

对应的左边的属性指引数据块也只设置了前两个 Int 数据的值，比如第一个 8000 和第

DB_PrivateIndex

名称	数据类型	起始值
▼ Static		
▼ MessageIDIndex	Array[0..31] of Int	
MessageIDIndex[0]	Int	8000
MessageIDIndex[1]	Int	6000
MessageIDIndex[2]	Int	0
MessageIDIndex[3]	Int	0
MessageIDIndex[4]	Int	0
MessageIDIndex[5]	Int	0
MessageIDIndex[6]	Int	0
MessageIDIndex[7]	Int	0
MessageIDIndex[8]	Int	0
MessageIDIndex[9]	Int	0
MessageIDIndex[10]	Int	0
MessageIDIndex[11]	Int	0
MessageIDIndex[12]	Int	0
MessageIDIndex[13]	Int	0
MessageIDIndex[14]	Int	0
MessageIDIndex[15]	Int	0
MessageIDIndex[16]	Int	0
MessageIDIndex[17]	Int	0
MessageIDIndex[18]	Int	0
MessageIDIndex[19]	Int	0
MessageIDIndex[20]	Int	0
MessageIDIndex[21]	Int	0
MessageIDIndex[22]	Int	0
MessageIDIndex[23]	Int	0
MessageIDIndex[24]	Int	0
MessageIDIndex[25]	Int	0
MessageIDIndex[26]	Int	0
MessageIDIndex[27]	Int	0
MessageIDIndex[28]	Int	0
MessageIDIndex[29]	Int	0
MessageIDIndex[30]	Int	0
MessageIDIndex[31]	Int	0

UDT_PrivateStatusModel

	名称	数据类型	默认值
1	AR_Cylinder_TimeOut	Bool	false
2	AR_Double_Position	Bool	false
3	Spare_0_2	Bool	false
4	Spare_0_3	Bool	false
5	Spare_0_4	Bool	false
6	Spare_0_5	Bool	false
7	Spare_0_6	Bool	false
8	Spare_0_7	Bool	false
9	Spare_1_0	Bool	false
10	Spare_1_1	Bool	false
11	Spare_1_2	Bool	false
12	Spare_1_3	Bool	false
13	Spare_1_4	Bool	false
14	Spare_1_5	Bool	false
15	Spare_1_6	Bool	false
16	Spare_1_7	Bool	false
17	Spare_2_0	Bool	false
18	Spare_2_1	Bool	false
19	Spare_2_2	Bool	false
20	Spare_2_3	Bool	false
21	Spare_2_4	Bool	false
22	Spare_2_5	Bool	false
23	Spare_2_6	Bool	false
24	Spare_2_7	Bool	false
25	Spare_3_0	Bool	false
26	Spare_3_1	Bool	false
27	Spare_3_2	Bool	false
28	Spare_3_3	Bool	false
29	Spare_3_4	Bool	false
30	Spare_3_5	Bool	false
31	Spare_3_6	Bool	false
32	Spare_3_7	Bool	false

图 13-17　属性指引数据块的设置

二个的 6000。通过上文可以得知，该 PrivateStatus 的第一个状态是 Alarm（8000~8999），第二个状态是 Warning（6000~6999）。

13.2.4　改进后的 Event 处理机制

改进后的 Event 跟设备是一体的，对象化模型中根据工艺和要求会生成 PublicStatus 和 PrivateStatus，对象化编程模型自动将 PublicStatus 的 Event 信息写入 PublicStatusMessage 的结构中。PrivateStatus 也是类似，在对象化模型中会自动将 Event 信息写入 PrivateStatusMessage 的结构中。但这些只是按照设备分类的归纳方式，在 DB_Event 中的 Event 汇总。

改进后的对象化模型中也包括 Alarm 和 Warning 两个全局数据块，它们作用也和 CPG 架构中类似，是 Event 按照不同类型汇总的全局数据块。这两个数据块里面也包括当前第一个事件、当前前十个事件以及当前所有事件，具体的数据块类型如图 13-18 所示（以 Alarm 为例）。

改进后 Event 数据结构和之前结构基本类似，取消了 Category，但增加了 Section-Names，具体结构对比如图 13-19 所示。

增加 SectionName 意味着 Event 汇总数据块中的事件信息更完整，同时由于 DB_Event

Alarm		
名称	数据类型	起始值
▼ Static		
▼ Summation	"CPG_typeEventSummation"	
BlockDone	Bool	false
CurrentEventRecord	Int	0
TotalEventRecord	Int	0
▶ sts_FirstOutEvent	"UDT_TypeEvent"	
▶ sts_FirstOutEventCat	Array[0..9] of "UDT_TypeEvent"	
▶ sts_Events	Array[0..99] of "UDT_TypeEvent"	

图 13-18　改进后的 Event 汇总数据块

CPG数据块

Alarm		
名称	数据类型	起始值
▼ Static		
▼ Summation	"CPG_typeEventSu...	
▼ sts_FirstOutEvent	"CPG_typeEvent"	
Trigger	Bool	false
ID	DInt	0
Value	DInt	0
Message	String[60]	''
Category	DInt	0
▶ DateTime	Array[0..6] of DInt	
▶ DateTimeDTL	DTL	DTL#1970-01-0
▶ AckDateTime	Array[0..6] of D..	
▶ AckDateTimeDT	DTL	DTL#1970-01-0
▶ sts_FirstOutEventC:	Array[0..9] of "CPG...	
▶ sts_Events	Array[0.."CPG_NO_...	
sts_NumEvents	Int	0
sts_Category_0_La.	Bool	false
sts_Category_1_La.	Bool	false
sts_Category_2_La.	Bool	
sts_Category_3_La.	Bool	
sts_Category_4_La.	Bool	false

对象化编程数据块

	Alarm		
	名称	数据类型	起始值
1	▼ Static		
2	▼ Summation	"CPG_typeEventSummation"	
3	BlockDone	Bool	false
4	CurrentEventRecord	Int	0
5	TotalEventRecord	Int	0
6	▼ sts_FirstOutEvent	"UDT_TypeEvent"	
7	SectionNames	String[16]	''
8	Trigger	Bool	false
9	EventID	DInt	0
10	Value	DInt	0
11	Message	String[60]	''
12	▶ DateTime	Struct	
13	▶ DateTimeDTL	DTL	DTL#1970-01-0
14	▶ AckDateTime	Struct	
15	▶ AckDateTimeDTL	DTL	DTL#1970-01-0
16	▶ sts_FirstOutEventCat	Array[0..9] of "UDT_TypeEvent"	
17	▶ sts_Events	Array[0..99] of "UDT_TypeEvent"	

图 13-19　改进前后 Alarm 数据结构对比

中同时存在 PublicStatus 和 PrivateStatus，所以在 Alarm（Warning）中不需要通过 Category 来指示当前事件的影响级别，因为在 PublicStatus 中就可以看到当前对象受事件影响导致的结果（比如是停止了还是暂停了等状态）。

当 PrivateStatus 有变化的时候，系统根据对象属性指引对应位置的值，将有变化的状态写入到对应的正确的汇总数据块（Alarm 或 Warning）中，其处理机制如图 13-20 所示。

由于有属性指引数据块的存在，对象化编程中对于 Event 汇总的程序就变得简单且紧凑，只需要一个 FC 函数块 FC_CPG_EventSummation 即可实现，如图 13-21 所示。

改进后，整个系统中有多少控制对象，就在程序中调用这个 FC 多少次即可。由于是 FC 函数，整个系统的背景数据块的数量就会变得非常少，只有对象化模型的实例化背景数据块。

可能有读者会问，这样也是增加了程序的内容，为什么说系统被简化了？

在对象化控制模型中，所有的设备编号是确定的，所以这些函数的调用是有规律可循的。若整个标准化已经做好了，那可以通过其他软件根据控制对象的多少和名称，自动生成程序的源文件。若标准化还在进行或是第一次设计，那同样可以通过其他软件辅助生成这些程序的文本源文件。总体上效率会大幅提高。

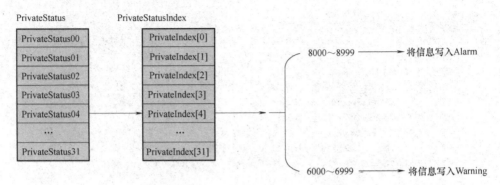

图 13-20　改进后的 Event 处理机制

```
"FC_CPG_EventSummation"(io_Event := "DB_Event".UN01_EM01.PrivateStatusMessage,
                       io_AlarmSummation := "Alarm".Summation,
                       io_WarningSummation := "Warning".Summation);

"FC_CPG_EventSummation"(io_Event := "DB_Event".UN01_EM02.PrivateStatusMessage,
                       io_AlarmSummation := "Alarm".Summation,
                       io_WarningSummation := "Warning".Summation);
```

图 13-21　改进后的 Event 汇总函数

同时，由于改进后的 Event 程序只在这一个地方被调用，意味着只要 Event 测试结果不正确，只需检查该处的程序是否正确即可，不会像 CPG 那样，还需要检查多个地方的程序，这代表着即使自己手动添加，也能很快的测试出程序的完整性。

所以，对象化编程模型的架构，让工程师在测试过程中可以有据可依，让测试的内容和结果的可靠性大大提高。

第14章

设备接口数据的标准化

垂直接口（Control&Report）就像一个管理者，控制系统中所有的参与者的位置和数据按照工艺文件和设计文件依次管理和分配，使整个控制系统中所有的参与者能正确地接收控制指令、有序地上报当前状态。

而设备接口则不是一个"管理者"的身份，其数据影响范畴仅局限于与之相连的参与者，相互之间是一种平行关系，不像垂直接口有上下之分。所以设备接口是一种平行接口。

设备接口主要包括流程接口和第三方接口，流程接口对应的是图8-1中Interface下面的UN/EM/CM与UN/EM/CM，第三方接口对应的是图8-1中Interface中UN/EM/CM与第三方设备。

14.1　流程接口说明

流程接口是两个传输组件之间的数据管理接口，该接口的数据影响的仅是两台在物理空间上有物理产品传输关系的设备。

流程接口主要包括四种信号，分别对应产品、设备以及其他工艺要求三个方面的数据对接：

1）产品移交信号，控制产品在关联的两台设备上的物理移交；
2）数据移交信号，附加在物理移交产品上的相关信息；
3）请求信号，使设备能够向上下游设备发出控制请求信号；
4）其他各种工艺用途信号。

流程接口在标准化程序中主要通过两个32位双字（Dword）向单个控制设备传输上述数据，见表14-1。

表 14-1　流程接口（SectionInterface）表

接口名称	数据类型	初始值	数据说明
io_UpInterface	Dword	DW#16#0	上游设备的流程接口数据
io_DownInterface	Dword	DW#16#0	下游设备的流程接口数据

每一个设备对应两个流程接口，即上游接口和下游接口，在实例化控制程序的时候只需要将设备对应的正确流程接口填上即可。

比如整个控制系统由三台设备组成，在PLC程序中，建立一个全局数据块DB_SectionInterface用于存储所有设备的流程接口数据。DB_SectionInterface中有3个变量名为1_1_1、1_1_2、1_1_3，其数据类型位32位Dword，如图14-1所示。

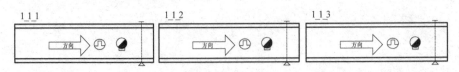

图 14-1　流程接口演示

上述3台设备在流程接口中，他们分别的上下游设备关系见表14-2。

表 14-2 流程接口（SectionInterface）示例表

设备名称	上游设备	下游设备
1_1_1	NA	1_1_1
1_1_2	1_1_1	1_1_2
1_1_3	1_1_2	1_1_3

按照实际布局，1_1_1 的下游设备应该是 1_1_2，但在程序接口中实际下游设备却是 1_1_1 本身，这是为什么呢？这是因为若 1_1_1 的下游接口为 1_1_2，那 1_1_1 和 1_1_2 之间的数据就无法串联起来，设备之间的数据就无法互相传递，如图 14-2 所示。

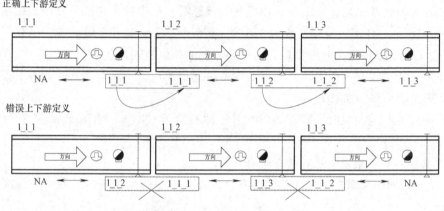

图 14-2 不同上下游接口定义图示

只有按照图 14-2 中正确的下游定义方式，那 1_1_1 和 1_1_2 之间的流程数据才能衔接起来，相关控制请求和数据就能正确传递。若如错误的上下游定义演示的一样，设备 1_1_1 和 1_1_2 之间的流程数据是断开的，那彼此之间的相关控制请求和数据就无法正确传递。

所以，在程序中的下游接口都是设备本身，上游接口才是实际物理设备的流程接口。

14.2 流程接口数据定义

14.2.1 产品移交信号

产品移交信号定义了上下游设备之间产品移交的信号交互，主要包括四个信号：RTM、ROK、MIP 和 PRC，如图 14-3 所示。

1）RTM（Request to Move，请求发送）：信号由上游设备发送到下游设备，表明有一个产品即将要从上游设备移交到下游设备；

2）ROK（Ready OK，准备好接收）：信号由下游设备发送到上游设备，表明下游设备已经准备好可以接收上游设备移交过来的产品；

3）MIP（Move in Progress，正在移交）：信号由上游设备发送到下游设备，表明上游设备正在移交物理产品；

4）PRC（Product Receive Complete，产品接收完成）：信号由下游设备发送到上游设备，表明下游设备已经完全接收到产品。

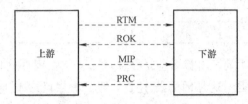

图 14-3　产品移交信号图

一般在上游设备末端会有一个检测类光电传感器，当该信号传感器被产品触发且设备无故障的情况下，RTM 信号即被置为 TRUE，直到产品完全离开上游设备。只有下游设备的 RTM 为 TRUE 的时候，上游设备上的产品才能继续保持输送状态。

由于光电传感器安装位置不是在两台设备中间，所以当产品前端到达上游设备末端时候，MIP 信号就会为 TRUE。

当产品完全到达下游设备后，PRC 信号即被置为 TRUE，直到产品完全到达下游设备。

下游设备判断产品完全接收的方式有两种：

1）在设备前端安装一个检测类传感器，该方式可靠性比较高，且能实际检测到产品的转移；

2）通过本身设备的位移来计算产品是否完全接收，此时有可能存在虚假信号的可能，即程序认为 PRC 置为 TRUE 了，但实际产品并没有完全转移过来。

图 14-4 所示为产品移交信号时序图。

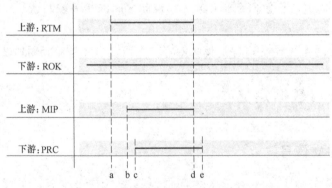

图 14-4　产品移交信号时序图

a 为产品到达上游设备的检测信号位置；b 为产品到达上游设备的末端检测信号的位置；ab 之间的距离就是检测信号距离末端的长度；d 是产品完全离开上游设备检测信号的位置；此时 RTM 和 MIP 都被复位。

c 是产品开始到达下游设备检测信号的位置；bc 之间的距离就是上下游设备之间的间隙长度；当产品完全转移到下游设备后，PRC 信号即被复位。

14.2.2 数据移交信号

有的产品在生产过程中带有生产数据，有的产品没有生产数据，所以数据移交信号需要根据工艺和设计文件配置。有附带数据的产品移交的设备，程序中除了该信号的定义以外，还需要规划配置数据管理程序。本示例的数据移交信号的数据管理程序的模式是基于图14-5所示。

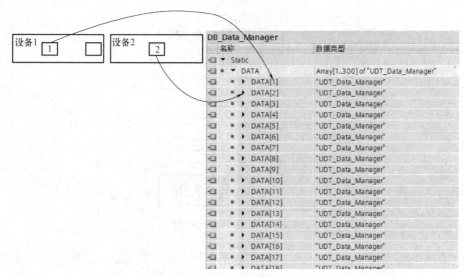

图 14-5 数据管理模型

图 14-5 中，控制系统中带数据的产品有 2 个，分别被标记为 1 和 2，而不带数据的产品是不被标记的。当产品 1 从设备 1 转移到设备 2 的过程中，同时把这个 1 标签传递给设备 2。若要查询产品 1 的属性，则可以根据 1 去到 DB 中查询相关信息。

至于数组的最大值，需要根据工艺和设计文件计算出一个能包容最大产品数量的数组，同时还需要有数据监视以及跟踪程序，用以保证控制系统中的数据的正确性和唯一性。

所以，根据上述描述，数据移交信号主要包括 Data 信号，如图 14-6 所示。

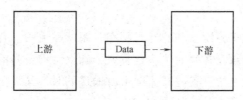

图 14-6 数据移交信号图

Data 即产品数据值，数据类型为 Int，当上游设备 MIP 信号为 TRUE 的时候，将该值写入下游设备的 Data 区域并由下游设备跟踪该数据的信息变化；当设备完全离开上游设备后，上游设备的 Data 值被清零，如图 14-7 所示。

1）产品到达上游设备的末端，此时上游设备的 MIP 信号置为 TRUE，提示控制系统

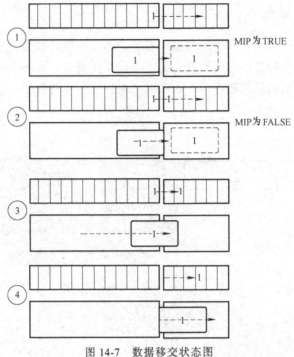

图 14-7　数据移交状态图

可以将产品 1 的数据开始转移，此时设备 1 数据堆栈中有 1 但设备 2 数据堆栈中没有任何数据；

2）当产品前端到达设备 2 的前端时，控制系统将产品数据写入下游设备的数据堆栈中，完成后将 MIP 置为 FALSE，同时，由于产品还在上游设备上，所以上游设备数据堆栈中也还有数据 1；

3）当产品正在上下游设备之间转移时，二者数据堆栈中都有数据；

4）当产品完全转移到下游设备后，设备 1 的数据堆栈中的数据被清除，设备 2 数据堆栈中的数据跟随系统向下输送，此时，上游设备清楚数据的触发信号为 MIP 信号的下降沿。

14.2.3　控制请求信号

控制请求信号主要用于控制设备的运行状态，跟产品无关。有时由于设备工艺问题或者出于安全考虑，需要请求设备暂时停止运行或告知上游设备当前无法接收产品；当下游设备处于节能状态下，当上游设备有产品向下游输送的时候又需要唤醒下游设备。所以控制请求信号主要定义了 2 个信号，如图 14-8 所示。

1）Halt Down：数据类型为 Bool，由上游设备发出，请求下游设备暂停；

2）Halt Up：数据类型为 Bool，由下游设备发出，请求上游设备暂停。

控制请求信号没有严格时序图，只要条件达到了即可触发。请求暂停设备的信号表示立刻暂停设备，请求禁止接收（发送）产品信号不会直接停止设备的运行，只有当产品到达设备移交位置发起产品移交的过程的时候，设备的运行才会暂停。

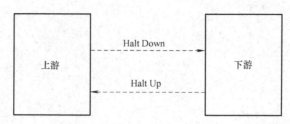

图 14-8　控制请求信号图

14.3　第三方接口数据定义

第三方接口数据用于流程主线和外部设备之间的数据交互，预定义长度为 8 个 Bool 信号，其数据结构应按照第三方设备的实际需要定义。

第三方接口具体数据结构也可以参照流程接口的数据结构定义，由于产品一般都是在主线上输送，所以第三方接口的数据中一般不包含产品的数据（Data）信号。

14.4　设备接口数据定义

通过以上描述，在 PLC 程序中建立一个自定义变量 UDT_SectionInterface，用于序列化设备接口（Section Interface）数据，如图 14-9 所示。由于上下游设备共用一个 Dword，所以每一个位只有一方才能使用。以上数据是标准化程序中预定义的，若这些数据不够，可以在备用的地方添加，也可以根据工艺需求更改某些变量的位置和名称。

UDT_SectionInterface

	名称	数据类型	注释
	RTM	Bool	TRUE:上游设备请求向下游发送产品
	ROK	Bool	TRUE:下游设备请求向上游表明准备好接收
	MIP	Bool	TRUE:上游设备向下游表明正在移交产品
	PRC	Bool	TRUE:下游设备向上游表明产品移交完成
	Halt_Down	Bool	TRUE:上游设备请求下游设备暂停
	Halt_Up	Bool	TRUE:下游设备请求上游设备暂停
	Spare_06	Bool	流程接口备用
	Spare_07	Bool	流程接口备用
	Spare_10	Bool	第三方接口信号备用
	Spare_11	Bool	第三方接口信号备用
	Spare_12	Bool	第三方接口信号备用
	Spare_13	Bool	第三方接口信号备用
	Spare_14	Bool	第三方接口信号备用
	Spare_15	Bool	第三方接口信号备用
	Spare_16	Bool	第三方接口信号备用
	Spare_17	Bool	第三方接口信号备用
	Data	Word	产品数据编号

图 14-9　设备接口数据定义图

第15章

元器件的标准化

对于一个具有基本功能的设备来说，再复杂的逻辑和功能都需要传感器、执行器等元器件的配合，而对于一个企业来说，面对的行业的功能其实不会有千变万化，底层的元器件的功能基本都是能通过一些不同的功能块来覆盖。

但是，有个现实的问题就是，即使是一个电动机的功能，那也是千变万化的。比如，有的电动机只是简单的单向工频起动，有的电动机是双向工频起动，还有电动机是变频甚至伺服控制，也还有基于具体工艺，电动机需要顺序起停控制……若把这些功能都囊括，那肯定不是一个功能块就能完成的。

借鉴高级语言的库函数，同时为避免一个程序块的引脚和功能的繁琐，我们可以基于自身的工艺需要，编写一些电动机的库程序，比如可以将单向工频起动做成一个功能块、双向工频起动做一个功能块。这些功能块可参考表15-1。

表 15-1　不同电动机功能块表

序号	功能块名称	功能块功能
1	FB_SingleMotor	单向工频起动功能块
2	FB_MultMotor	双向工频起动功能块
3	FB_FrequencySingleMotor	单向变频起动功能块
4	FB_FrequencyMultMotor	双向变频起动功能块
5	FB_FIFOControlMotor	顺序起动停止功能块

可见，对于执行器来说，由于是功能的主要执行者，会存在很多用于不同场景的功能，所以需要很多功能块来表达其所存在的所有的功能。

但对于传感器来说，绝大多数不同类型的传感器就可以用一个功能块来囊括基本的功能，比如下文要详细描述的关于数字量传感器的功能标准化的内容。

15.1　概要及术语

传感器是一种检测装置，能感受到被测量的信息，并能将感受到的信息，按一定规律变换为电信号或其他所需形式的信息输出，以满足信息的传输、处理、存储、显示、记录和控制等要求。

自动控制系统或设备中，一些必要的传感器是不可缺少的，它是实现自动检测和自动控制的首要环节。传感器的存在和发展，让物体有了类似人体的触觉、味觉和嗅觉等感官，让物体慢慢变得活了起来。

对于控制器而言，其接收到的传感器信号一般分为数字量信号和模拟量信号。本章就是基于西门子PLC来探讨数字量信号处理的标准程序。

先简要说明一下PLC上常用的术语。

1）Covered：表示传感器被触发，即有物体将传感器的发射光线遮挡。

2）PNP型和NPN型：PLC的输入信号有通称的PNP型和NPN型之分，PNP型也称为源型，一般常见于欧洲品牌，最典型的就是西门子PLC，源型PLC就是电流从公共端流出；NPN型也称为漏型，一般常见于东南亚品牌，如欧姆龙PLC，漏型PLC就是电流从公共端流入。究竟是哪一种，取决于所选用 PLC 的品牌和输入信号的类型。PNP 型还是 NPN 型的区分只针对于输入信号，有的 PLC 是双向输入的，那么其类型就取决于接线方式。

15.2　功能概述

在编程中，一个数字量信号可能存在的需求主要是：

1）滤波需求，基于功能而需要的滤波以及基于程序逻辑而需要的滤波；

2）信号堵塞（遮挡时间过长）侦测，这既是检测传感器是否正常的需要，也能防止生产过程中物体由于遮挡传感器过久造成的设备和产品的损坏。

除了功能的需求外，程序也需要考虑到数字量信号的类型以及功能类型，所以在设计程序的时候务必尽量考虑所有可能存在的问题和事项，形成一个只要是数字量信号的传感器，都可能使用上的标准程序块。

程序逻辑执行完成后，功能块主要输出：

1）传感器是否被遮挡的信号；

2）传感器被遮挡的上升沿下降沿；

3）传感器被遮挡过久而导致的堵塞的故障信息。

15.3　程序块说明

15.3.1　程序块名称

程序中建立一个功能块（FB），名字为：FB_DigitalSensor，意即数字量传感器功能块。当然，由于可能存在的程序框架问题，功能块的名称可以按照必要的框架来重新定义。

15.3.2　输入接口

输入接口即用于启用该功能块的接口，也是一些传感器类型和功能需求的配置参数，输入接口配置如图 15-1 所示。

i_EnableFunction：该引脚为 TRUE 的时候，使能整个功能块的功能，一般情况下都是在满足自动模式以及设备已经运行进入自动逻辑后。若有工艺需要，也可以是其他满足工艺要求的逻辑。

i_Reset：复位指令，当有传感器堵塞的故障侦测后，可以通过该复位指令将故障复位。

i_DigitalSensor：外部硬件信号，即数字量信号的输入电位。

i_SensorType：数字量信号的形式，若为 TRUE 则代表接入的传感器为 PNP 型，若为 FALSE 则代表接入的传感器为 NPN 型，NPN 型信号在程序中需要取反。

i_FilterEnable：该信号若为 TRUE，则表示启用过滤功能，程序会在得到功能使能后

图 15-1 程序输入接口图示

开始进行信号的过滤功能。

i_FilterType：该信号若为 TRUE，则表示基于位置的过滤功能，即程序中会根据后续的位置长度来过滤数字量信号的距离；该信号若为 FALSE，则表示基于时间的过滤功能，即程序中会根据后续的时间设定来过滤数字量信号的时间。

i_FilterRise：该信号若为 TRUE，则表示传感器被遮挡的上升沿过滤功能启用，程序中默认该功能启用。

i_FilterFall：该信号若为 TRUE，则表示传感器被遮挡的下降沿过滤功能启用，程序中默认该功能禁止启用。

i_IgnoreSensorBlockage：该信号若为 TRUE，则表示忽略传感器堵塞故障的检测，即不检测传感器是否会被遮挡时间过长的故障。若该功能启用，则会在输出接口提示一个传感器遮挡时间过长的警告信号。

i_DigitalSensorFilterTime：单位为 ms，用于计算传感器过滤的时间计算的基准，若该值小于等于 0 则不启用基于时间的过滤功能。

i_DigitalSensorFilterDistance：单位为 mm，用于计算传感器过滤的位置计算的基准，若该值小于等于 0 则不启用基于位置的过滤功能。

i_BlockageTime：单位为 ms，用于计算传感器堵塞的时间计算的基准，若该值小于等于 0 则不启用基于时间的堵塞检测功能。

i_BlockageDistance：单位为 mm，用于计算传感器堵塞的位置计算的基准，若该值小于等于 0 则不启用基于位置的堵塞检测功能。

i_SectionDisplacement：单位为 mm，设备当前周期移动的距离，用于计算传感器各种功能的位移计算基准。

以上输入接口除了前三个以外，其他所有的输入接口都可以以参数设置的形式出现，比如在程序中建立一个 UDT_DigitalSensor_Sett 的数据类型，程序中凡是涉及传感器的程序，都可以集中配置。同时，以上的输入接口也可以做成前三个+配置 UDT 的接口，这样整个程序的输入接口在视觉效果上就会清晰很多，如图 15-2 所示。

UDT_DigitalSensor_Sett							
名称	数据类型	默认值	从 HMI/OPC..	从 H...	在 HMI ...	设定值	注释
SensorType	Bool	false	☑	☑	☑	☐	TRUE:PNP FALSE:NPN
FilterEnable	Bool	false	☑	☑	☑	☐	TRUE:启用过滤 FALSE:禁用过滤
FilterType	Bool	false	☑	☑	☑	☐	FALSE:时间过滤 TRUE:位置过滤
FilteRise	Bool	false	☑	☑	☑	☐	TUE:上升沿过滤
FilteFall	Bool	false	☑	☑	☑	☐	TUE:下降沿过滤
IgnoreDensorBlockage	Bool	false	☑	☑	☑	☐	TRUE:该设备忽略光电堵包故障
DigitalSensorFilterTime	Int	0	☑	☑	☑	☐	单位:ms,若小于等于0则不启用此功能
DigitalSensorFilterDistance	Int	0	☑	☑	☑	☐	单位:mm,若小于等于0则不启用该功能
BlockageTime	Int	0	☑	☑	☑	☐	单位:ms,若小于等于0则不启用此功能
BlockageDistance	Int	0	☑	☑	☑	☐	单位:mm,若小于等于0则不启用该功能
SecentionDisplacement	Int	0	☑	☑	☑	☐	设备当前运行速度

图 15-2 传感器参数配置数据结构图示

15.4 输出接口

输出接口的功能在功能概述中已经描述，图 15-3 所示为程序的最终的程序输出结果。

Output		
o_DigitalSensorCovered	Bool	传感器被遮挡
o_ER_SensorBlockage	Bool	传感器遮挡超时故障
o_WN_SensorLatchTimeOut	Bool	传感器遮挡超时警告
o_FP_DigitalSensorLatch	Bool	传感器被遮挡上升沿
o_FN_DigitalSensorLatch	Bool	传感器被遮挡下降沿

图 15-3 程序输出接口图示

o_DigitalSensorCovered：该引脚为 TRUE 的时候，表示当前传感器正在被遮挡，该遮挡信号是基于上述输入接口的配置后而得到的被遮挡的信号。

o_ER_SensorBlockage：该引脚为 TRUE 的时候，表示当前传感器遮挡超时故障，该故障需要停止设备的运营运行，用于保护设备和生产的产品。传感器处的物体被移除后，需要得到复位信号才能将该故障清除。

o_WN_SensorLatchTimeOut：该引脚为 TRUE 的时候，表示当前传感器遮挡超时警告，该警告不需要停止设备的运行，只是生产过程的提示信息。该功能是在输入接口忽略堵塞功能的配置后才能生成，否则该输出信号不会被触发。同时，该信号不需要复位，当传感器没有被遮挡后，该输出信号即被清除。

o_FP_DigitalSensorLatch：该引脚为 TRUE 的时候，表示当前传感器遮挡上升沿信号被触发，该信号只执行一个程序运行周期。

o_FN_DigitalSensorLatch：该引脚为 TRUE 的时候，表示当前传感器遮挡下降沿信号被触发，该信号只执行一个程序运行周期。

15.5 应用及后续

当设备中有数字量传感器的时候，在程序中建立 FB_ DigitalSensor 数据类型的静态变量，有几个就建立几个，并在程序中调用。

```
REGION 光电信号功能
    //阻挡光电1
    #s_FB_DigitalSensorFilter1(i_DigitalSensor := #i_Cigarette_Detect_Posi1,
                               i_SensorType := #s_SettingInductBelt.DigitalSensorFilter.SensorType,
                               i_FilterEnable := (#s_SettingInductBelt.DigitalSensorFilter.FilterEnable AND #s_Control.Auto_Mode),
                               i_FilterType := #s_SettingInductBelt.DigitalSensorFilter.FilterType,
                               i_FilteRise:=#s_SettingInductBelt.DigitalSensorFilter.FilteRise,
                               i_FilteFall:=#s_SettingInductBelt.DigitalSensorFilter.FilteFall,
                               i_DigitalSensorFilterTime := #s_SettingInductBelt.DigitalSensorFilter.DigitalSensorFilterTime,
                               i_DigitalSensorFilterDistance := #s_SettingInductBelt.DigitalSensorFilter.DigitalSensorFilterDistance,
                               o_DigitalSensorCovered => #s_Cigarette_Covered_Posi1,
                               o_FP_DigitalSensorLatch=>#s_FP_Cigarette_Covered_Posi1,
                               o_FN_DigitalSensorLatch=>#s_FN_Cigarette_Covered_Posi1);
    //阻挡光电2
    #s_FB_DigitalSensorFilter2(i_DigitalSensor := #i_Cigarette_Detect_Posi2,
                               i_SensorType := #s_SettingInductBelt.DigitalSensorFilter.SensorType,
                               i_FilterEnable := (#s_SettingInductBelt.DigitalSensorFilter.FilterEnable AND #s_Control.Auto_Mode),
                               i_FilterType := #s_SettingInductBelt.DigitalSensorFilter.FilterType,
                               i_FilteRise:=#s_SettingInductBelt.DigitalSensorFilter.FilteRise,
                               i_FilteFall:=#s_SettingInductBelt.DigitalSensorFilter.FilteFall,
                               i_DigitalSensorFilterTime := #s_SettingInductBelt.DigitalSensorFilter.DigitalSensorFilterTime,
                               i_DigitalSensorFilterDistance := #s_SettingInductBelt.DigitalSensorFilter.DigitalSensorFilterDistance,
                               o_DigitalSensorCovered => #s_Cigarette_Covered_Posi2,
                               o_FP_DigitalSensorLatch=>#s_FP_Cigarette_Covered_Posi2,
                               o_FN_DigitalSensorLatch=>#s_FN_Cigarette_Covered_Posi2);
```

图 15-4　传感器程序调用图示

如图 15-4 所示，作者在程序中也是配置成了一个参数设置的类型，这样每一个传感器的功能在调试过程中只需要配置好输入接口的参数，不需要再去细究内部程序是如何实现的，这样便于控制程序的标准化和模块化的应用。

对于标准程序来说，当工程师把所需要的元器件的功能都能通过程序表达出来，那对于后续的程序编写来说，很多功能就可以去库里面挑选元器件的功能函数，然后将这些功能基于工艺串联起来，这样一个新的设备的程序就基本完成了。

这样做出来的设备程序，由于元器件的程序的可靠性得到过检验，所以整个设备程序的测试也只需要做相关工艺方面的内容即可，节省了大量编写程序的时间，并提高了程序的质量。

第 16 章

通信程序标准化实例

16.1　概述

本章不涉及 TCP/IP 原理，也不涉及硬件知识，只是软件层面的一种实现 TCP/IP 通信的灵活的程序架构。该程序架构所有的数据描述以及结构定义都基于西门子 S7 系列 PLC。作为一种灵活的 TCP/IP 通信架构，该思路也可以用于其他品牌 PLC 类似程序架构的参考。

PLC 作为现场设备控制器，其与上位系统（即高层 MES，下文统称上位系统）之间的数据交互通常采用 TCP/IP 方式。

TCP/IP 程序一般包括三个部分：

1）看门狗程序：看门狗程序一般用于侦听 PLC 与上位系统之间的数据链路是否保持畅通，若握手应答机制没有及时响应，一般情况下都必须上报（Report）通信故障，同时也意味着 PLC 与上位系统之间的数据交互也存在问题。

2）数据接收程序：数据接收程序主要是依据事先约定的通信数据接口，将端口侦听到的数据解析并保存在 PLC 数据区域，并随着系统运行的推进及时更新数据的状态。

3）数据发送程序：数据发送程序在 PLC 侧主要是依据设备运行状态，将数据交互接口中规定的数据及时发送到上位系统。在此，就需要涉及到如下几个问题：

① 数据在什么时候发送：比如立体仓库的堆垛机在完成入库任务后需要给 WMS（Warehouse Management System，仓库管理系统）发送入库完成的消息。但应注意的是，数据发送的时机在一个系统中不是唯一的，比如立体仓库中的堆垛机有入库数据，搬运数据以及设备运行数据等。

② 数据在什么位置发送：比如物流系统中物料的跟踪，若某个物料跟踪失败，则必须告知上位系统跟踪丢失的物料信息以及物料是在哪一台设备上丢失的。

③ 发送什么数据：这个一般都是事先约定的，并且一个行业的信息基本都是可以约定成一个通用版本。

同时，随着质量以及效率的要求，一般企业还要求将程序做成模块化，标准化。

本章主要描述一个数据发送的程序架构，通过该架构，读者就可以得到上述几个问题的解答，同时也可以依据该架构做成一个公司自身的标准程序。

先简要说明一下后文将使用的术语。

1）Message：一条需要发送的信息称之为 Message，即一个 Message 就代表着一条发送数据。Message 包括但不限于 MessageID、MessageValue 以及 MessageProperty。

2）FIFO：先进先出堆栈，主要描述待发送数据的堆栈区域。

16.2　DB_Message 事件数据块

在 PLC 中建立一个名字为 DB_Message 的数据块，该数据块中存储的就是一个 PLC 循环周期中需要发送的 Message 数据堆栈，如图 16-1 所示。

Entry_Used：当前数据堆栈中已经有的 Message 数量，通过事件写入函数 FC_Write_

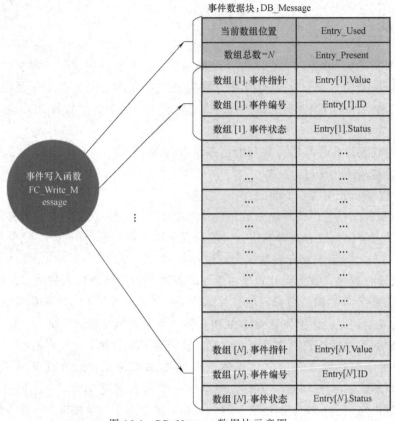

图 16-1　DB_Message 数据块示意图

Message 更新其当前值。

　　Entry_Present：当前数据堆栈中总共可用的 Message 数量，通过事件写入函数 FC_Write_Message 自动计算，其值为数组中的 N。

　　以上两个变量可以当成 DB_Message 的头文件，记录的是 DB_Message 中堆栈的当前状态。

　　除了上述两个变量，DB_Message 中还包含 Message 数组堆栈，一般的 PLC 程序的循环时间大约在 30ms 以内，在 30ms 以内能同时发生的 Message 的数量是有限制的，通过实际测试发现 DB_Message 中的包含 20 个数组完全能满足一个 PLC 循环的 Message 的上限。

　　Entry［N］. Value：一个 Message 的信息的长度是事先约定好在接口文档中，该 Value 作为数据的一个指针一样，即通过该值可以在 PLC 数据区域搜索到这个 Message 需要的所有信息。

　　Entry［N］. ID：一个 ID 代表着一类 Message 的信息，比如在立体仓库中会有入库、出库、盘移、异常转运、任务完成、任务中断以及请求状态等信息需要发送，那在程序结构中可以将这些信息分别用一个唯一的 ID 标记，见表 16-1。

　　Entry［N］. Status：数据类型为一个 32 位 Word 数据的，该数据可以用于描述 Message 的一些其他属性信息，比如不同技术要求的信息、任务信息、统计信息、操作事件信息等。这些属性可以通过 Word 中不同的位来表示，也可以通过 Word 的值来表示。

表 16-1 Entry_ID 说明表

Entry_ID	说 明
8001	请求入库任务(Infeed)
8002	请求出库任务(Outfeed)
8003	请求盘移任务(Change)
8004	请求空移任务(Move)
8005	请求栈台搬运任务(Transfer)
8006	请求异常转运任务(Modify)
8009	任务完成(Complete)
8010	任务中断(Suspend)
8020	请求堆垛机位置信息(Request Status Info)

DB_Message 是发送程序架构的基础,设备执行过程中可以在任意一个节点通过调用 FC_Write_Message 函数,将 Message 内容写入 DB_Message 堆栈中。比如当堆垛机因为任何设备故障或者人为原因导致的当前任务中断的情况下,FC_Write_Message 都可以将 8010 写入 Message 堆栈中。

设备在工艺执行过程中可能会有多次写入 Message 的情况,等待工艺过程执行完成后,在工艺控制程序下面插入一个 Message 解析程序,用于解析本次循环周期中的 Message 事件,如图 16-2 所示。

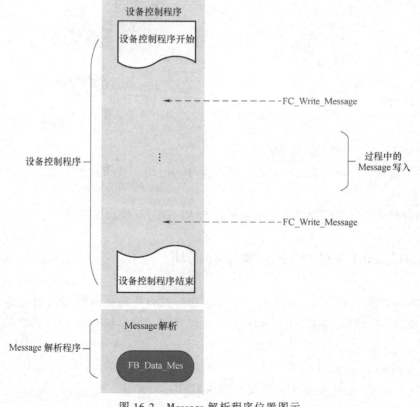

图 16-2 Message 解析程序位置图示

定义一个 Message 解析功能块 FB_Data_Mes，其算法图示如图 16-3 所示，设备控制程序结束后，该功能块根据 DB_Message 中 Entry_Used 的值，循环将要发送的数据写到发送缓存区 DB_Send_FIFO。

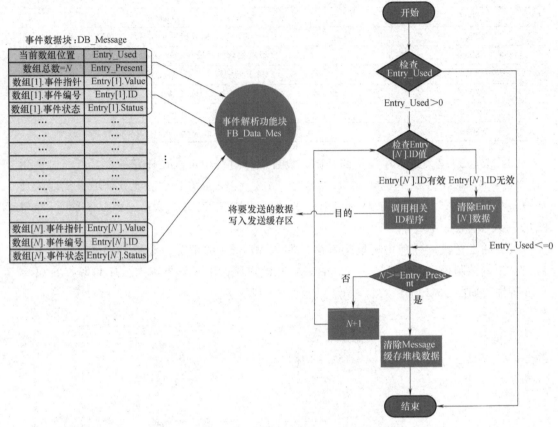

图 16-3　事件解析功能块 FB_Data_Mes 算法图示

FB_Data_Mes 的功能主要包括：

1）根据进入 Message 堆栈数量循环解析 Message_ID，并将发送数据写入发送缓存区 DB_Send_FIFO；

2）当数据全部得以解析或者数据错误，将 Message 堆栈数据清除。

16.3　DB_Send_FIFO 发送缓存数据块

根据图 16-3 所示的算法，在 FB_Data_Mes 执行过程中根据解析到的 Message_ID 将调用不同的 ID 程序，然后将要发送的数据放置到发送缓存区，结合表 16-1 简单示意程序逻辑如下：

```
IF #s_Entries_Used>1 THEN
    FOR #t_Counter_Entry：=1 TO #s_Entries_Used DO
        IF #s_Entry[#s_Entries_Used].ID = 8001 THEN
```

```
            FC_Infeed(#s_Entry[t_Counter_Entry].Value);//请求入库任务信息
        END_IF;
                    ……                          //其他信息
        IF #s_Entry[#s_Entries_Used].ID = 8020 THEN
            FC_Req_Status_Info(#s_Entry[t_Counter_Entry].Value);
                                                //请求位置信息
        END_IF;
      END_FOR;
    END_IF;
```

上述的程序中的 FC_Infeed 或者 FC_Req_Status_Info 都是按照接口约定，根据 Entry[N].Value 搜索接口约定中需要的数据，然后将这些数据统一写进数据发送缓存区域 DB_Send_FIFO。

这意味着 DB_Send_FIFO 中保存着需要发送到上位系统的数据缓存，按照 PLC 的循环机制，每一个扫描周期最好只发送一条 Mes（发送多条端口数据可能被覆盖），所以 DB_Send_FIFO 中保存着当前周期还没有发送完的数据。

为保证所有需要发送的数据都能完整且正确的发送到上位系统，DB_Send_FIFO 被定义为图 16-4 所示的结构。

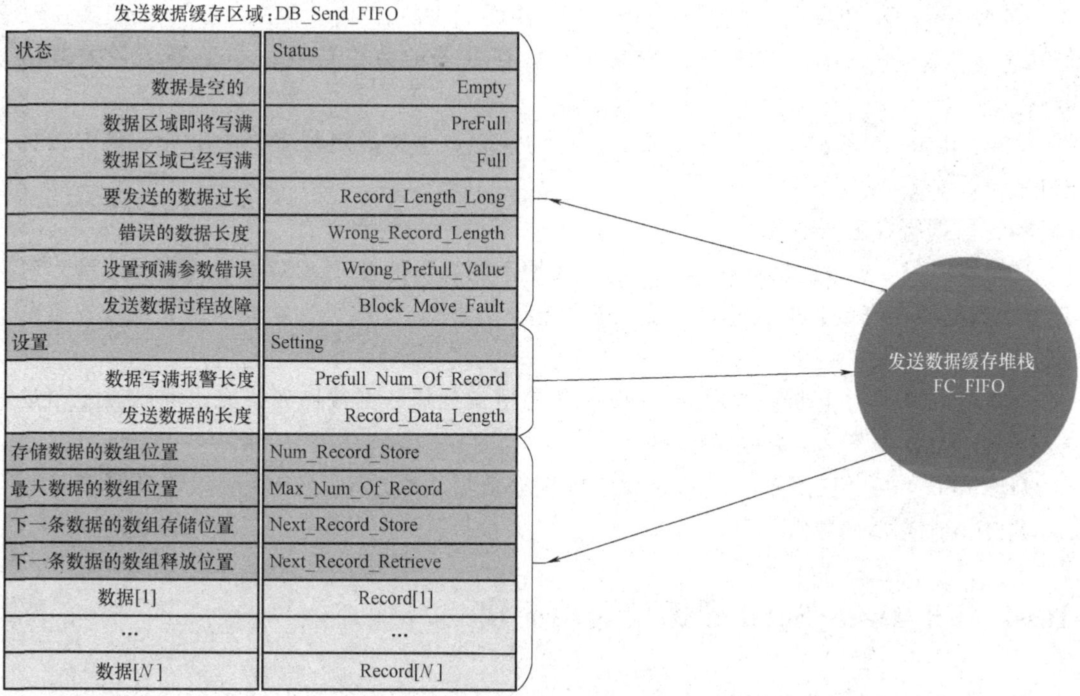

图 16-4　DB_Send_FIFO 结构示意图

DB_Send_FIFO 分为四个部分：堆栈的当前状态、堆栈设置、数据发送状态和数据缓存区域。

1）堆栈的当前状态说明：

Empty：若为True，则表示当前缓存区是没有数据等待发送，否则意味着有数据等待着发送到端口缓存区。

PreFull 与 Full：若为True，则表示待发送的数据缓存区即将被写满或已经被写满，这往往是因为 PLC 与上位系统的连接中断造成的。

Record_Length_Long：若为True，则表示当前发送数据长度超出接口文档约定的数据长度。

Wrong_Record_Length：若为True，则表示当前发送数据长度不是接口文档约定的数据长度。

Wrong_Prefull_Value：若为True，则表示设置的缓存区域数组数量错误，没有小于最大值。

Block_Move_Fault：若为True，则表示数据发送过程受阻，数据可能没有发送成功。

2）堆栈设置说明：

Prefull_Num_Of_Record：数据缓存区即将填满的警告，必须小于数组的最大值。

Record_Data_Length：发送数据的最大长度，若所有数据长度一样则为发送数据的长度。

3）数据发送状态说明：

Num_Record_Store：当前存储的需要发送的数据数量。

Max_Num_Of_Record ：数据缓存区域最大数组长度。

Next_Record_Store：下一个需要保存的缓存数据的数组位置，小于等于最大数组长度。

Next_Record_ Retrieve：下一个需要发送的缓存数据的数组位置，小于等于最大数组长度。

4）数据缓存区域说明：

Record [ ]：即发送数据的缓存数组，根据不同系统的性质（需要发送数据的量）确定整个数据缓存区域数组的最大长度，正常流程下，200 个数组基本能满足大部分控制系统的数据发送量。

FB_Data_Mes 中解析后调用的 ID 程序就将搜索到的数据按照先进先出原则逐一写进DB_Send_FIFO 的下一个数据保存区。

比如 FC_Infeed 按照接口定义的数据搜索完成后，通过 FC_FIFO 函数将其写进 DB_Send_FIFO 中合适的数组位置。

16.4　FB_Data_Send 数据发送功能块

FB_Data_Send 为 TCP/IP 通信的数据发送程序，其图示如图 16-5 所示。根据上文描述的内容，FB_Send_Data 的功能就是将 DB_Send_FIFO 中缓存的数据发送到数据端口区。

FB_Data_Send 的算法和 FB_Data_Mes 类似，都是根据 DB_Send_FIFO 中的当前状态，将要发送的数据发送到数据端口并更新 DB_Send_FIFO 的相关状态。

FB_Data_Mes 在一个扫描周期中需要将 DB_Message 中的所有数据保存到 DB_Send_

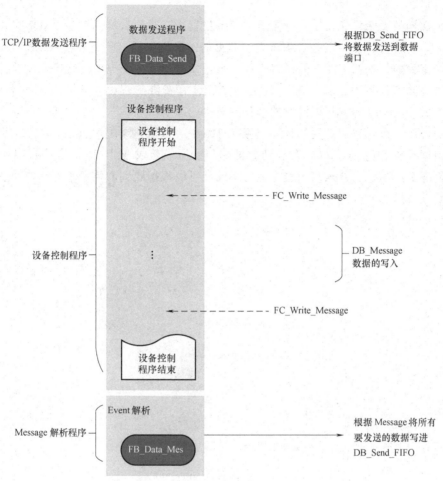

图 16-5　数据发送程序结构图示

FIFO 的合适缓存位置，而 FB_Data_Send 在一个扫描周期中只发送 DB_Send_FIFO 中的一条数据。

16.5　使用说明

小结一下，FB_Data_Send、FB_Data_Mes、FC_Write_Message 以及两个数据块能做成一个标准的程序块，当 PLC 与上位系统需要进行 TCP/IP 数据通信，则只要完成以下几个步骤，那整个 TCP/IP 发送架构即能搭建完成。

1）定义好通信数据接口，如表 16-1 一样将整个数据通信定义完全；

2）根据每一类数据类型定义一个 Message_ID，这个 ID 可以是数据接口中定义好的；

3）根据 Message_ID 完成每一个 ID 函数的编写，并在 FB_Data_Mes 中完成调用；

4）在设备控制程序中需要发送消息的地方调用 FC_Write_Message 函数，写入不同的 Message_ID 即表示着要发送的数据类型。

当程序库完成后，若在后期 TCP/IP 通信数据有增加，也只要按照上述步骤即可完成程序的搭建。

这个架构的灵活之处在于，当需要在某个位置发送某类数据的时候，只要在相应位置处调用 FC_Write_Message 函数，那该类型数据的发送程序就可以完成且不会出现错误。

这个架构的好处在于便于公司将行业的数据发送形成一个完整的程序库，并且可以形成库文件说明，包括 Message_ID 等的说明。后续有新进工程师，只要按照库文件说明，即可以完成相关程序的编写以及对整个程序架构的理解。

还需说明一点，根据上文描述，当某个 Message 被写进 DB_Message 中后，并不一定能在当前循环被 FB_Data_Send 发送到数据端口，所以建议 TCP/IP 的数据接口中每一天的数据都有个时间标志数据段，这样上位系统就可以根据收到的信息了解到该消息生成的时间以及被发送的时间。